ビギナーズ・クラシックス 中国の古典

孫子・三十六計

湯浅邦弘

角川文庫
15490

はじめに

人間とはなにか——。

古来、多くの哲学者がこの謎に挑戦してきました。手がかりはさまざまです。衣、食、住、言語、生産、生命、技術、文化……。

そしてもう一つ。「戦い」をあげることができるでしょう。人類の歴史は、そのまま戦いの歴史と言いかえることができるからです。

この戦いについて、今から二千五百年前の中国で、深い考察をめぐらした思想家がいました。その思想は、『孫子』という書にまとめられ、今も、世界を代表する兵書として読み継がれています。

ではなぜ、『孫子』は二千五百年という時をこえ、しかも、中国以外の国でも読まれているのでしょうか。それは、『孫子』が、戦争の本質を、言いかえれば、人間の本質を、するどくついた哲学の書だからにほかなりません。本質を説く哲学の書は、時間と空間をこえて語りかけてくるのです。

人間とは何か、国家とは何か、勝利とは何か、組織とは何か、リーダーとは何か。『孫子』は多くのヒントを与えてくれます。

中国では、『孫子』が登場したあと、多くの兵書が次々に執筆されました。しかし、それらの多くは『孫子』の亜流です。『孫子』をこえるような兵書はついに現れませんでした。それほど、『孫子』の思想は高い水準にあったということでしょう。ただ、『孫子』のエッセンスを取り込んで、わかりやすく解説しようという努力は続けられました。

その代表が、『三十六計』という兵法書です。この書は、『孫子』を中心として、古今の兵法の要点を、三十六の計謀にまとめ、それらを四字または三字の熟語で表したものです。著者もはっきりしない謎の書ですが、中国ではよく読まれ、日常生活の中に生かされているといわれます。中国や台湾では、『孫子』と『三十六計』とを一冊にまとめた本も数多く出版されています。

そこで、この本では、『孫子』と『三十六計』を取り上げて解説してみます。『孫子』は全部で十三篇。その中から、代表的な節を取り上げて現代語訳をつけながら解説します。全訳ではありませんが、『孫子』の中の有名なことばはすべて取り上げました。各篇のおわりには、読みの手がかりとして、その篇から得られる教訓を簡潔に記してみました。また、それぞれの篇にまつわる話題を十三のコラムとして掲げました。いずれも『孫子』理解の一助にしていただければ幸いです。

一方、『三十六計』については、三十六すべての計について解説します。まず、熟語を掲げて、その意味を簡潔に説明し、それに続いて、『三十六計』の［解］の部分をすべて翻訳します。理解を助けるために、具体的な戦例をあげて解説する場合もあります。日本では、この二つの兵法書の解説を一冊にあわせて刊行するというのは、はじめての試みです。世界を代表する兵書『孫子』と、そのエッセンスをまとめたかのような『三十六計』。この二つを存分に味わっていただきたいと思います。

目次

二　敵戦の計

五　併戦の計　239

地図作製・クラフト　大友　洋

◈孫子

孫武像（中国山東省恵民）

『孫子』解説

『孫子』の登場

今から二千五百年以上前、中国春秋《しゅんじゅう》時代の戦争は、たがいをはるかに見通すことのできる大平原に、両軍の戦車が日時を決めて布陣し、開戦の合図によって戦いを始めました。貴族戦士によって構成される軍隊は、兵力数数百から数千、最大でも数万という規模。戦闘も数時間から長くて数日。勝敗が決まると、たがいに軍隊を撤収し、人質や金銭の譲渡、あるいは領土の一部割譲などによって講和が結ばれました。

こうした戦争の形態は、春秋時代末期（紀元前五世紀の初め）の呉《ご》の対外戦争で、大きな転換をとげます。

呉王闔廬《こうりょ》・夫差《ふさ》の時代の対楚《そ》戦、対越《えつ》戦は、従来の常識をくつがえしました。この戦争は、大量の歩兵を主力とする軍隊構成、数年に及ぶ長期持久戦、国民を総動員した大部隊編成、数千里に及ぶ長距離進攻作戦の反復など、それまでの戦争のあり方を一変するものだったのです。

呉越戦争を契機とする戦争形態の変化

	春秋時代		春秋末から戦国時代
①総兵力	数百～数万	↓	最大で数十万から百万
②構成員	士（貴族）	↓	士＋民
③主要兵科	戦車	↓	歩兵、騎兵
④主要兵器	弓・戈《か》・戟《げき》・剣	↓	弓・戈《か》・戟《げき》・剣＋弩《ど》
⑤戦場・戦術	平原における会戦 戦車による正面対決	↓	地形の特質を利用 多彩な用兵・戦術
⑥期間	数時間～数日	↓	最長の場合数十年
⑦戦争の終結	講和（人質・金銭・領土）	↓	国家の存亡

そして、この衝撃の中に生まれたのが、『孫子』です。春秋時代の末期、呉王闔廬（?～紀元前四九六年。「闔閭」と記されることもある）に仕えた孫武《そんぶ》は、呉の対外戦争の教訓をもとに、体系的な軍事思想を樹立しました。今も、世界の兵典として読みつがれている『孫子』は、こうして生まれたのです。

戦車図（五経彙図）

孫武の伝承

『孫子』の著者とされる孫武について、『史記』には次のような伝承が記されています。

孫武はあるとき、呉王闔廬の前で、兵法家としての才能を披露することになりました。

孫武は、王宮の美女百八十人を二隊に分け、王の寵愛《ちょうあい》している姫二人を各隊の長に任命

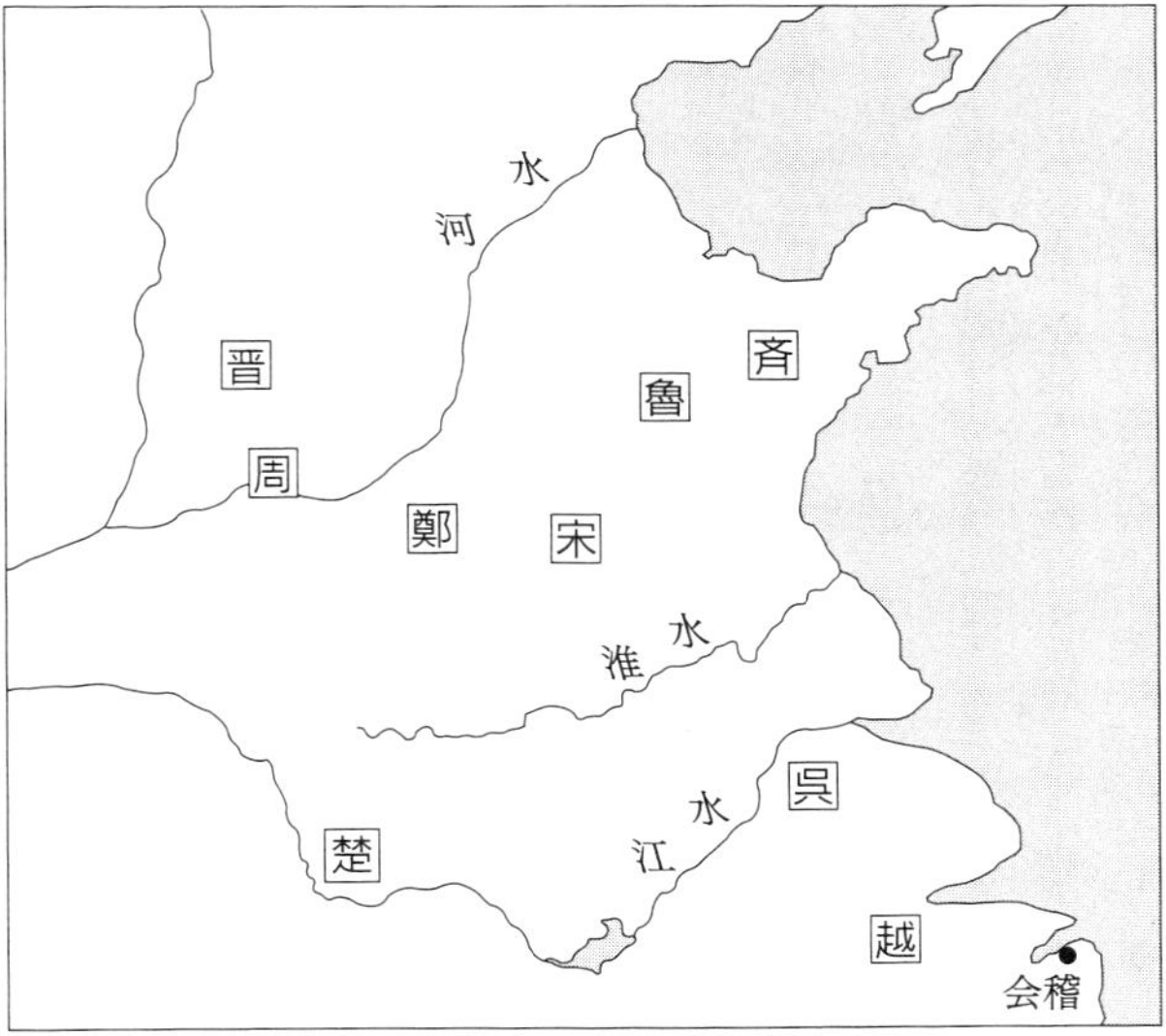

春秋時代地図

して練兵を開始したのです。まずは繰り返し軍令を説明し、違反した場合の罰則も明示しました。そして、太鼓をたたいて軍令を下しましたが、婦人たちは本気にせず、笑うばかりで従いません。孫武は、「軍令を明らかにしないのは将たるものの罪であるが、軍令を明らかにしたのに兵が動かないのは隊長の罪である」として、隊長役の二人の姫を斬《き》ろうとします。

驚いた闔廬は、「もうそなたが用兵にすぐれていることは分かった。二人を斬らないでほしい」と頼みます。孫武は「わたしはすでに君命を受けて将となっています。将たるものがひとたび出軍すれば、君命もお受けいたしません」と拒絶し、ついに隊長二人を斬って見せしめにしました。改めて隊長を任命しなおして再度軍令を下したところ、婦人たちは別人のようにきびきびと行動したそうです。

こうして孫武は、厳格な軍令に基づく用兵術を実演し、闔廬は、孫武の実力を評価して呉の将軍に採用しました。その後、呉は、孫武の力により、西方では強国の楚を破り、北方では斉《せい》や晋《しん》を脅かして、その実力を天下に示しました。春秋時代の有力な五人の覇者を「春秋の五覇」といいますが、その中に、呉王闔廬の名も入っています。

『孫子』の構成と注釈書

今に伝わる『孫子』(現行本《げんこうぼん》)は、全十三篇からなっています。計《けい》・作戦《さくせん》・謀攻《ぼうこう》・形《けい》・勢《せい》・虚実《きよじつ》・軍争《ぐんそう》・九変《きゆうへん》・行軍《こうぐん》・地形《ちけい》・九地《きゆうち》・火攻《かこう》・用間《ようかん》の十三です。

このうち、計篇は、戦争に対する基本的な考えと開戦前の周到な準備について説いています。まさに全体の冒頭にふさわしい一篇です。

また、十三番目の用間篇は、間諜の活用と情報戦について説くもので、情報収集を重視する『孫子』のしめくくりとして理解されてきました。ところが、一九七二年に中国山東省の銀雀山漢墓《ぎんじやくざんかんぼ》から、竹簡《ちっかん》に記された『孫子』が発見され、そこでは、十二番目の火攻篇と十三番目の用間篇の順序が逆になっていました。戦争がいかに重大事であるかを述べる火攻篇末尾こそ、実は、計篇と呼応するものであったことが分かったのです。

ただ、従来は、この十三篇のまとまりで『孫子』は理解されてきました。代表的な注

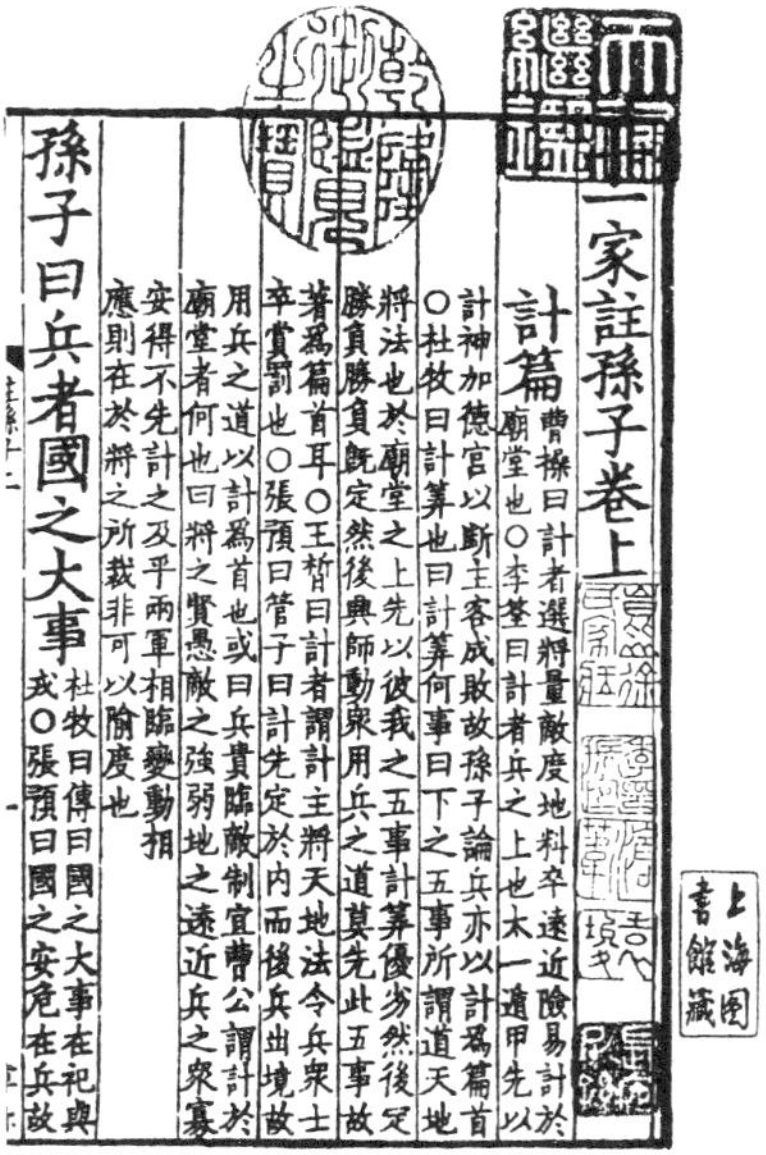
一家註孫子卷上
計篇　曹操曰計者選將量敵度地料卒遠近險易計於廟堂也〇李筌曰計者兵之上也太一遁甲先以計神加德宮以斷主客成敗故孫子論兵亦以計爲篇首〇杜牧曰計算也曰計算何事曰下之五事所謂道天地將法也於廟堂之上先以彼我之五事計算優劣然後定勝負勝負既定然後興師動衆用兵之道莫先此五事故著爲篇首耳〇王晳曰計者謂計主將天地法令兵衆士卒賞罰也〇張預曰管子曰計先定於內而後兵出境故用兵之道以計爲首也或曰兵貴臨敵制宜曹公謂計於廟堂者何也曰將之賢愚敵之強弱地之遠近兵之衆寡安得不先計之及乎兩軍相臨變動相應則在於將之所裁非可以豫度也
孫子曰兵者國之大事　杜牧曰傳曰國之大事在祀與戎〇張預曰國之安危在兵故

『十一家注孫子』

釈としては、まず三国時代の魏《ぎ》の武帝《ぶてい》・曹操《そうそう》（一五五〜二二〇）が注をつけた『孫子』（魏武帝注孫子《ぎぶていちゅう》）があります。後の宋《そう》代において、『孫子』をはじめとする七つの兵書が「武経七書《ぶけいしちしょ》」としてまとめられますが、そこで採用されたテキストも、この魏武帝注系統の『孫子』でした。

これに対して、魏の曹操の注を初めとする十一人の注釈をまとめた「十一家注孫子《じゅういっかちゅう》」という系統のテキストがあります。魏の武帝、梁《りょう》の孟氏《もうし》、唐の李筌《りせん》、杜牧《とぼく》、杜佑《とゆう》、陳皥《ちんこう》、賈林《かりん》、宋の梅堯臣《ばいぎょうしん》、王晳《おうせき》、何延錫《かえんし》、張預《ちょうよ》の注釈をあわせたもので、現在、このテキストとして最も便利なものは、中国の中華書局から刊行された『十一家注孫子校理《こうり》』（一九九九年）です。このテキストは、「十一家注孫子」をもとに楊丙安《ようへいあん》氏が校訂を加えたものので、すぐれた注釈書です。

日本では、江戸時代に、林羅山《はやしらざん》、山鹿素行《やまがそこう》、荻生徂徠《おぎゅうそらい》などが『孫子』の注釈を著しました。近年では、金谷治氏の『新訂孫子』（岩波文庫、二〇〇〇年）が、独自の本文校訂を行って最善のテキストを提供しています。また、浅野裕一氏の『孫子』（講談社学術文庫、一九九七年）は、銀雀山漢墓出土の竹簡本（次項参照）に基づくすぐれた訳注を行っています。

なお以下、この本では、本文を掲げる際には、原則として、右の『十一家注孫子校理』のテキストに基づいています。ただし、最終的には、右の金谷氏の校訂や浅野氏の訳注、銀雀山漢墓竹簡本『孫子』のテキストなどを参考にして、本文と訓読を確定しました。

銀雀山漢墓竹簡『孫子』の発見

この『孫子』の内容については、ながく疑いがもたれてきました。今に伝わる十三篇が春秋時代の孫武《そんぶ》に関わる兵書なのか、戦国時代の孫臏《そんぴん》に関わる兵書なのか、それとも三国時代の魏の曹操の頃に偽作されたものなのかという疑問です。それは、春秋時代の呉の孫武、戦国時代の斉の孫臏という二人の著名な兵法家が知られていながら、伝えられてきた兵法書が一つの『孫子』だったという謎にも関わっています。『孫子』をめぐる探求は、こうした入り口のところで停滞していたのです。

ところが、この状況に大きな衝撃を与える事件が起きました。

一九七二年四月、中国の山東省臨沂《りんぎ》県の南にある小高い丘銀雀山から前漢時代の墓が発見されました。一号墓・二号墓と名づけられた二つの墓の棺の中には、それぞれ白骨

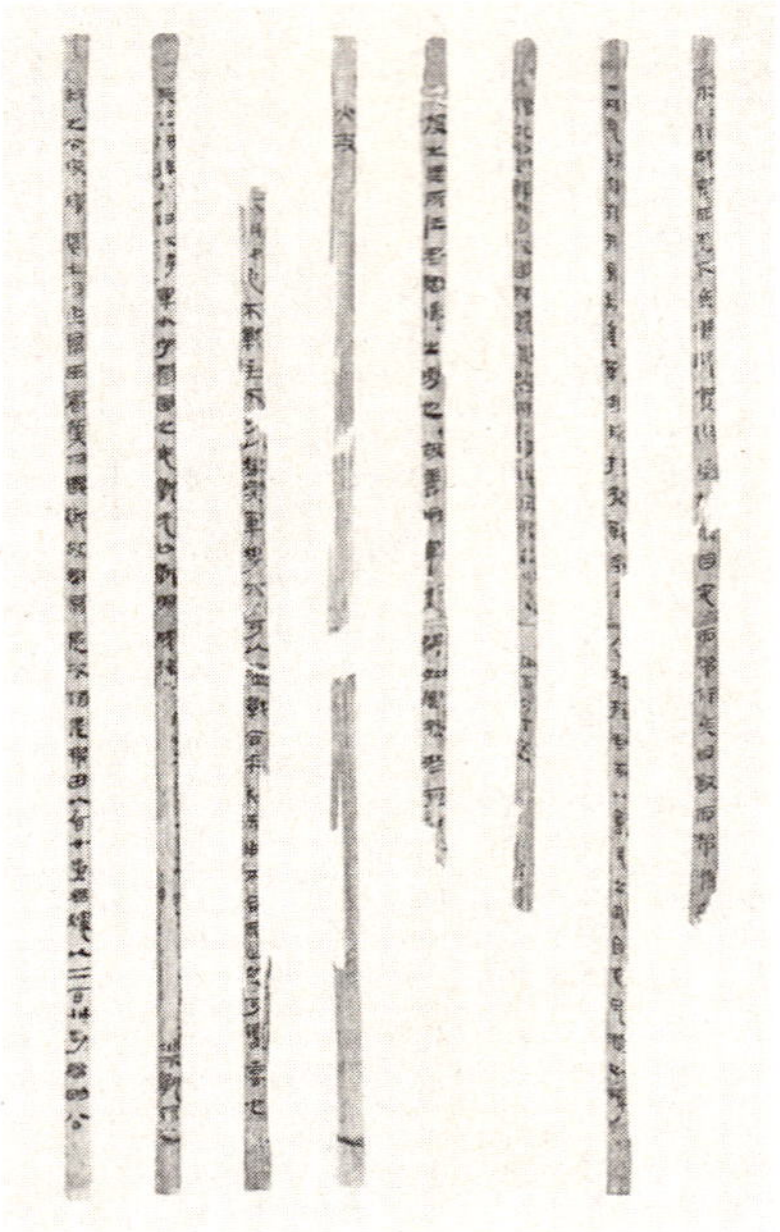

銀雀山漢墓竹簡『孫子』
(『銀雀山漢墓竹簡〔一〕』)

死体がありましたが、すでに腐って散乱していて、性別・年齢などは分かりませんでした。しかし、副葬されていた漆器・陶器・貨幣などの鑑定によって、これらが前漢初期の墳墓であることが確認されました。また、一号墓には大量の竹簡が副葬されていました。これが、中国兵学研究に新たな歴史を開くこととなる銀雀山漢墓竹簡の発見です。

竹簡とは、竹を細く削って作った札です。木製のものを木簡《もっかん》あるいは木牘《もくとく》といいます。

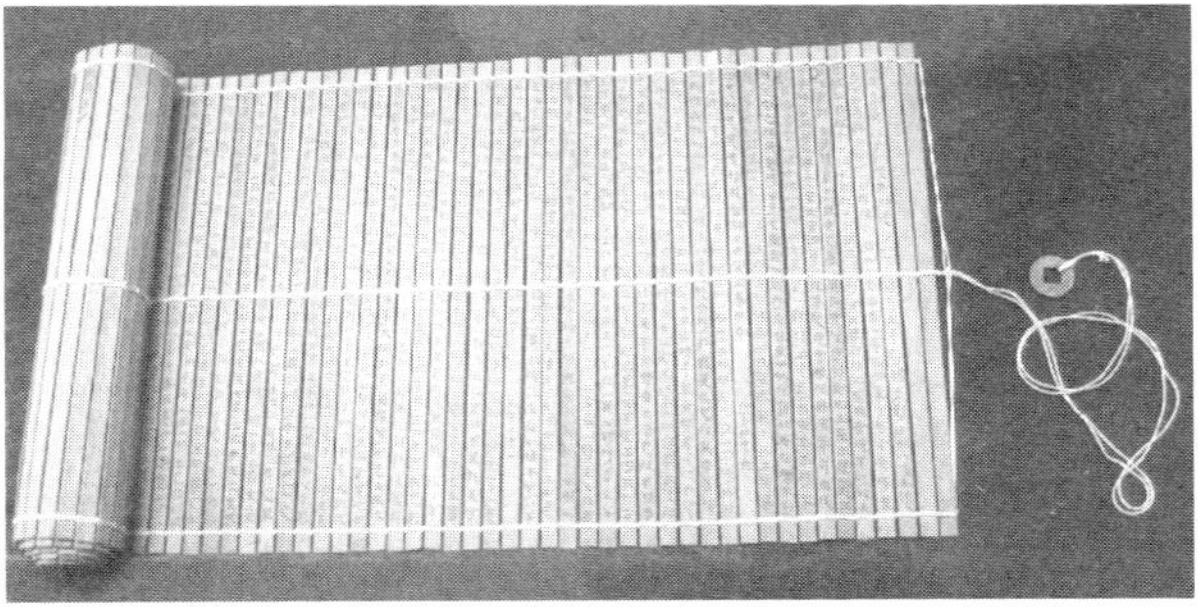

復元された竹簡のレプリカ

これに文字を書きつけ、ひもで綴《と》じて巻物状にして携帯・保存しました。漢代に紙が発明され、その後、文字は紙に筆写されるようになりますが、それ以前は、この竹簡が代表的な文書の形態でした。「冊」という漢字は、この竹簡の姿に基づく象形文字で、この冊を台の上に置いた形が「典」です。また、『史記』孔子《こうし》世家《せいか》によれば、孔子は晩年に『易《えき》』を好み、なんども繰り返し読んだため、その竹簡を横に綴じている革（韋編《いへん》）がたびたび切れたそうです。この故事にちなむ「韋編三絶《いへんさんぜつ》」の語は、書物を愛読するという意味で使われますが、なぜ「韋編」なのかということは、この竹簡の形状を思い浮かべなければ理解できないでしょう。

さて、銀雀山漢墓から出土した竹簡は、約二千年の間、泥水の中に浸っていたので、竹簡を綴じていた革はすでに朽ちていて、ばらばらになっていました。ただ、その後の整理解読により、その総数は約七千五百枚（破断した一部などを含む）、そのうち、文字を確認できる竹簡は約五千枚であることが分かりました。文字は、漢代の通行文字である隷書《れいしょ》で書かれていて、毛筆に墨を含ませて記されていました。

一簡の長さは二七・五センチ。幅は〇・五～〇・七センチ、厚さは〇・一～〇・二センチ。内訳は、『孫子』二三三枚、『孫臏《そんぴん》兵法』二二一枚、『尉繚子《うつりょうし》』七二枚、『六韜《りくとう》』一三六枚など、多くは兵書でした。（銀雀山漢墓竹簡整理小組『銀雀山漢墓竹簡〔一〕』文物出版社、一九八五年）。

このうち、竹簡本『孫子』は、現在の十三篇『孫子』にほぼ対応し、『孫臏兵法』は、斉の孫臏に関わる兵書であることが明らかになりました。現行本『孫子』は、やはり春秋時代の呉の孫武に関わる兵書だったのです。

『孫子』と『孫臏兵法』の関係についても、新たな事実が判明しました。『孫臏兵法』の中の「陳忌問塁《ちんきもんるい》」篇に「孫氏の道《そんし》」という表現があったのです。これは孫武以来の兵法が、「孫氏」の家学として伝承されていたことを示しています。

銀雀山漢墓から発見された二つの『孫子』。これらは、『孫子』の成立事情を解明するとともに、『孫子』の兵法がその後どのように継承されていったのか、について大きな手がかりを与えてくれたのです。

春秋時代の呉の孫武に関わる兵法『孫子』と、戦国時代の斉の孫臏に関わる『孫臏兵法』。この二つの兵書の発見により、『孫子』の研究は大きく前進することになったのです。

一　計篇

十三篇『孫子』の冒頭をかざる篇です。戦争に対する基本的な考え方と開戦前の周到な準備について説くもので、まさに巻頭にふさわしい一篇です。「計」とは、はかるという意味。「五事七計」（五つの主要項目と七つの具体的指標）によって彼我《ひが》（敵と味方）の実情を比較計量し、勝算の有無を冷静に判断すれば、実際の戦闘を行う前に勝敗を知ることができると説いています。また、戦争の本質が「詭道《きどう》（だましうち）」にあることをするどく指摘しています。

孫子《そんし》曰《いわ》く、兵《へい》とは国《くに》の大事《だいじ》なり。死生《しせい》の地《ち》、存亡《そんぼう》の道《みち》、察《さつ》せざるべからざるなり。故《ゆえ》に之《これ》を経《はか》るに五事《ごじ》を以《もっ》てし、之《これ》を校《くら》ぶるに計《けい》を以《もっ》てして、其《そ》の情《じょう》を索《もと》む。

孫子曰、兵者国之大事。死生之地、存亡之道、不レ可レ不レ察也。故経レ之以二五事一、校レ之以レ計、而索二其情一。

戦争とは、国家の一大事である。人の死生を決める分岐点であり、国家の存亡を左右する道であるから、これを深く洞察しないわけにはいかない。だから、五つの事柄でよくよく検討し、（七つの）計で比較分析し、敵味方の実情を求めるのである。

『孫子』の冒頭にかかげられた重いことばです。

正面対決を原則とする戦車戦から、さまざまな詐術《さじゅつ》を駆使する戦略的な歩兵・騎馬戦へ。貴族を主兵力とする数千の軍隊から、国民を総動員する数十万規模の大軍へ。呉越戦争に代表される戦争形態の大きな変化を受けて『孫子』は誕生しました。このような大規模な戦争は、国家の最重要事として考えなければなりません。戦争は、人間の死生、国家の存亡を決するものであり、上に立つものは、まずこのことに深く思いをいたす必要があります。そのためには、彼我の戦力を入念に事前分析しなければなりません。その指標として『孫子』が提唱するのは、五つの「事」と七つの「計」でした。

この一句は、行動の前に計画が必要であることを強調しています。組織的な大きな行動であればなおさらです。それが組織の存亡に関わる重大な事業ともなれば、企画の立案とその検討は特に入念に行わなければなりません。杜撰《ずさん》な企画のもとに発動された戦いは、悲惨な結果を招きます。中国の兵書は、戦場での戦闘技術を説く書ではありません。戦闘を始めるまでに、何が必要であるかを強調する書です。勝敗の八割がたは、この企画の段階で決しているのです。

なお、古代中国の文献には「戦争」という熟語は見られません。「戦争」とは、近現代の用語であって、その意味を表す古代漢語は「兵」です。ただ、この「兵」の語には、多くの意味が含まれているので注意が必要です。軍事、軍隊、戦術、兵卒、武器などです。以下では、それぞれの文脈に即して、その意味を考えていきましょう。

一《いち》に曰《いわ》く道《みち》、二《に》に曰《いわ》く天《てん》、三《さん》に曰《いわ》く地《ち》、四《し》に曰《いわ》く将《しょう》、五《ご》に曰《いわ》く法《ほう》。道《みち》とは、民《たみ》をして上《かみ》と意《い》を同《おな》じくせしむる者《もの》なり。故《ゆえ》に以《もっ》て之《これ》と死《し》すべく、以《もっ》て之《これ》と生《い》くべくして危《うたが》わざるなり。

一曰道、二曰天、三曰地、四曰将、五曰法。道者、令二民与レ上同レ意者也。故可二以与レ之死一、可二以与レ之生一、而不レ天《てん》とは、陰陽《いんよう》、寒暑《かんしょ》、時制《じせい》なり。地《ち》とは、遠《えん》近《きん》、険易《けんい》、広狭《こうきょう》、死生《しせい》なり。将《しょう》とは、智《ち》、信《しん》、仁《じん》、勇《ゆう》、厳《げん》なり。法《ほう》とは、曲制《きょくせい》、官道《かんどう》、主用《しゅよう》なり。凡《およ》そ此《こ》の五者《ごしゃ》、将《しょう》は聞《き》かざる莫《な》きも、之《これ》を知《し》る者《もの》は勝《か》ち、知《し》らざる者《もの》は勝《か》たず。

危也。天者、陰陽、寒暑、時制也。地者、遠近、険易、広狭、死生也。将者、智、信、仁、勇、厳也。法者、曲制、官道、主用也。凡此五者、将莫レ不レ聞、知レ之者勝、不レ知者不レ勝。

軍事を検討する場合の最重要の指標である「五事」とは、「道」「天」「地」「将」「法」の五つである。「道」とは、民の気持ちを為政者に同化させることのできるような政治の正しいあり方。これによって、民は為政者と生死をともにして何の疑いも抱かないようになるのである。「天」とは明暗・寒暑・時節などの自然条件、「地」とは遠近・広狭・有利・不利となるような地形など、戦場に関する地理、「将」とは軍を統括する将軍の能力で、智（智恵）、信（信頼）、仁（思いやり）、勇（勇気）、厳（厳格）の五つ。「法」とは、曲制（軍隊の構成や指揮系統などのきまり）、官道（組織の上下や賞罰に関するきまり）、主用（主軍の輜重《しちょう》や食糧に関するきまり）などの各種規則である。これらの五つは、将軍なら誰でも聞いたことはあるが、それを本当に理解している者は勝ち、そうでない者は勝てない。

ここで、「道」が指標の第一とされている点は重要です。「道」とは、為政者と民の心が同化しているような政治を意味します。これが重視されるのは、平常の国政を支障なく軍事態勢へと移行しなければならないからでしょう。王のためになら命をなげうっても惜しくはないという国民感情が形成されているかどうか。それによって、勝敗の行方はおおよそ判断できると言えます。

また、「天」については、その内実に注目しておく必要があるでしょう。この「天」という文字だけからは、天運、神頼みといったような性格が『孫子』にあると誤解されるかもしれません。しかし、『孫子』が言う「天」とは、戦場の自然条件です。暗いか明るいか、寒いか暑いか、時節はどうか、というものであって、神秘的要素はかけらもありません。次の「地」も同様です。孫武は徹底した合理主義者でした。

四番目の「将」軍については、『孫子』の他の箇所でも、たびたびその資質が説かれています。ここで求められている将軍の資質とは、「智」「信」「仁」「勇」「厳」の五つ。智とは、情報を的確に分析し、混乱の中にあっても冷静な決断を下せる知性です。信とは、国家に忠誠をつくし、君主からも士卒からも信頼を得られるような信義の心です。仁とは、士卒の生命を尊重し、間諜（スパイ）の隠密活動にも心をめぐらすことのできる思いやりの気持ちです。勇とは、敵を恐れず、常に最前線にあって采配《さいはい》を振るい、ときには敵中を突破して活路を開くような勇気です。厳とは、私情に溺《おぼ》れることなく、規律を適用できるような厳正さです。「泣いて馬謖《ばしょく》を斬《き》る」ということばがあります。三国時代、蜀《しょく》の諸葛孔明《しょかつこうめい》は、有能な部下であった馬謖が命令をきかずに敗北したので、泣く泣く彼を処刑したそうです。愛する部下にも厳しく処罰を適用する、そのような厳正さです。

最後の「法」は、国民一般に適用される広い意味での法律という意味ではありません。最も軍隊組織を統率するためのさまざまな法規のことを言います。五つの指標の中では、最も人事的性格の強い具体的な指標です。戦争は、将軍や戦士が一人で行うものではありません。多くの士卒を動員し、部隊に分け、戦術を駆使し、戦闘技術を競うという、すぐれて組織的な営みです。その組織を統率するための「法」が重視されるのは、むしろ当然だと言えるでしょう。

曰《いわ》く、主《しゅ》孰《いず》れか道《みち》有《あ》る。将《しょう》孰《いず》れか能《のう》有《あ》る。天《てん》地《ち》孰《いず》れか得《え》たる。法令《ほうれい》孰《いず》れか行《おこな》わる。兵衆《へいしゅう》孰《いず》れか強《つよ》き。士卒《しそつ》孰《いず》れか練《ね》れる。賞罰《しょうばつ》孰《いず》れか明《あき》らかなる。吾《わ》れ此《これ》を以《もっ》て勝負《しょうぶ》を知《し》る。

曰、主孰有㆑道。将孰有㆑能。天地孰得。法令孰行。兵衆孰強。士卒孰練。賞罰孰明。吾以㆑此知㆓勝負㆒矣。

次に、より具体的な比較の指標としてあげられるのが「七計」である。敵と味方で君「主」はどちらがすぐれているか、どちらの「将」軍が有能であるか、「天地」の自然条件はどちらに有利か、「法令」はどちらがきちんと行われているか、「兵衆」すなわち軍隊はどちらが強いか、個々の「士卒」はどちらがよく熟練しているか、軍功に対応する「賞罰」はどちらがより明確にされているか。私(孫武)はこれらによって、実際の戦闘が行われる前に勝敗を知ることができるのである。

『孫子』は、これら七つの項目について一つ一つ敵軍と自軍の状況を比較せよといいます。獲得ポイントの多い方が勝ちになるわけです。この「五事七計」は、いっさいの感情や予断をさしはさまずに、彼我の実情を冷徹に見きわめようとするものです。
ただ、実際の戦争では、しばしば君主や将軍の私的な怨恨が挙兵の動機となったり、味方の実力に対する楽観的な見通しが開戦を後押ししたりします。また、古代では、さまざまな予兆現象や占いなども、神の声として重視されました。
こうした中で、『孫子』のあげた指標は、きわめて合理的です。現代のあらゆる組織活動にとっても重要な判断材料になると言えましょう。

兵《へい》とは詭《き》道《どう》なり。故《ゆえ》に能《のう》にして之《これ》に不《ふ》能《のう》を示《しめ》し、用《よう》にして之《これ》に不《ふ》用《よう》を示《しめ》し、近《ちか》くして之《これ》に遠《とお》きを示《しめ》し、遠《とお》くして之《これ》に近《ちか》きを示《しめ》す。

兵者詭道也。故能而示㆓之不能㆒、用而示㆓之不用㆒、近而示㆓之遠㆒、遠而示㆓之近㆒。

戦争の本質は、「詭《き》道《どう》（偽りの方法）」である。詭道とは、こちらに充分な保有戦力や運用能力があるのに、敵にはあたかもそうでないかのように見せかけるものである。また、自軍が敵の近くに展開しているのに、あたかも遠くにいるかのように見せかけたり、逆に、はるか遠方に攻撃目標を定めながら、あたかも近くを襲うかのように見せかける。

これらは総じて、敵の準備が整わないうちに攻めかかり、敵の油断をつくような戦術をいいます。『孫子』の説く「伏兵《ふくへい》」や「餌兵《じへい》（敵を誘い出すために犠牲を覚悟で敵前に展開する兵）」は詭道の定番です。また孫臏《そんぴん》が竈《かまど》の数を減らしながら偽りの退却「佯北《ようほく》」をし、魏の龐涓《ほうけん》を誘い出したのも、詭道の見事な戦例でしょう（コラム1参照）。

また、漢と匈奴《きょうど》との戦いでは、匈奴の奇計が一枚上を行っています。漢の将軍陳豨《ちんき》が匈奴に投降したとき、漢は使者を遣わし匈奴の内実を探ろうとしました。ところが、匈奴は勇壮な戦士や肥えた馬を隠し、老いた弱々しい人馬のみを示しました。使者は帰国してこの様子を報告し、今こそ撃つべしと議論は沸騰しました。ただ婁敬《ろうけい》のみは、これは「能にして之に不能を示す」ものであるとして反対しましたが、漢王は聞かず、婁敬は捕らえられてしまいます。漢は三十万の兵で攻撃しますが、匈奴は四十万の精鋭軍によってこれを包囲し、漢兵は七日間も満足な食事がとれないほどの大敗北を喫したそうです。

夫《そ》れ未《いま》だ戦《たたか》わずして廟算《びょうさん》して勝《か》つ者《もの》は、算《さん》を得《う》ること多《おお》ければなり。未《いま》だ戦《たたか》わずして廟算《びょうさん》して勝《か》たざる者《もの》は、算《さん》を得《う》ること少《すく》なければなり。算多《さんおお》きは勝《か》ち、算少《さんすく》なきは勝《か》たず。而《しか》るを況《いわ》んや算無《さんな》きに於《おい》てをや。吾《わ》れ此《これ》を以《もっ》て之《これ》を観《み》れば、勝負見《しょうぶあら》わる。

夫未レ戦而廟算勝者、得レ算多也。未レ戦而廟算不レ勝者、得レ算少也。多レ算勝、少レ算不レ勝。而況於レ無レ算乎。吾以レ此観レ之、勝負見矣。

実際の戦闘を行う前に廟算してみて勝利の確信が得られるのは、勝算が多いからである。逆に、戦闘の前に廟算してみて勝利が得られないというのは、勝算が少ないからである。事前の図上演習の段階で勝算が多い者は実際の戦闘においても勝利し、勝算が少ない者は勝つことができない。ましてや勝算がまったくない者においてはなおさらである。私（孫武）はこの廟算の方法によって分析するので、勝敗は事前に自ずから明らかになるのである。

「廟」とは、祖先の霊をまつる堂。戦争を始める前、ここで行われる重要な御前会議を「廟算」といいました。

企画の段階で、「五事七計」による入念な情報分析がなされ、しかも、そこにいっさいの予断や感情をさしはさまなければ、実際に戦ってみる前に、すでに勝負は決しています。御前会議が行われる廟堂《びょうどう》の奥深くで、すでに勝敗の行方は手に取るように分かるのです。「五事七計」による図上演習の結果、勝「算」が多い者は勝ち、「算」少なき者は敗れるという当然の結果です。しかし現実には、勝「算」がまったくないのに挙兵してしまうものもいます。戦いは、神頼みや精神論だけではどうしようもないのです。

▼計篇の教訓

無計画の行動に勝算はない。

◆コラム1　孫臏《そんぴん》の「減竈《げんそう》」作戦

孫臏像（中国山東省・斉国歴史博物館）

春秋時代の孫武《そんぶ》が活躍してから約百年の後、その子孫に孫臏が現れました。孫臏は戦国時代中期の斉《せい》の威王《いおう》（在位紀元前三五六〜前三二〇）に仕えた兵法家です。孫臏はかつて龐涓《ほうけん》とともに兵法を鬼谷子《きこくし》という人物に学んだといいます。

龐涓は、魏《ぎ》の恵王《けいおう》に仕えて将軍となりますが、ひそかに孫臏の実力にはか

「馬陵の戦い」図

なわないと思っていました。そこで、孫臏を計略にかけて呼び寄せ、無実の罪を着せて足斬《き》りの刑に処しました。孫臏の「臏」とは、足斬りの刑の意味です。

その後、孫臏は斉の威王に仕え、将軍田忌《でんき》から才能を認められ、客分として待遇されました。前三四一年の魏との戦いでは、馬陵《ばりょう》の地で将軍龐涓を自刃に追い込みます。その巧みな戦法は、「減竈《げんそう》」の故事として語りつがれています。

この戦いで孫臏は、勇猛果敢で向こう見ずの魏の兵士の気風を逆用しました。魏の領内に攻め込んだ斉の軍隊に、初めは十万個の竈《かまど》を作らせ、翌日には五万個、その翌日には三万個と徐々に竈の数を減らしながら退却を命じたのです。偽りの退却、すなわち「佯北《ようほく》の計」です。これを見た龐涓は、怖《お》じ気づいた斉の兵士に逃亡者が続出していると考えました。この機に乗じて斉の軍隊を殲滅《せんめつ》しようと、龐涓は本隊を残したまま、精鋭の騎兵だけを率いて休息も取らずに斉兵を追いかけます。孫臏は、こうした龐涓の心理と追撃速度とを予測した上で、馬陵の狭い谷間の道に伏兵を置きました。

魏の軍隊が馬陵にさしかかったとき、斉の伏兵は一斉に弓を射ます。魏軍は壊滅し、龐涓は自刃して果てました。孫臏はこの戦いで一躍名を馳《は》せ、その兵法は後世に伝えられることになりました。

二　作戦篇

戦争を始めるのに際して、多大の軍費や食糧を要することを説く篇です。戦争は国家経済に深刻な打撃を与えるので、開戦の判断はくれぐれも慎重に行い、開戦に踏み切った場合も、できるだけ迅速に切り上げるべきだと主張しています。

孫子《そんし》曰《いわ》く、凡《およ》そ用兵《ようへい》の法《ほう》は、馳《ち》車千駟《しやせんし》、革車《かくしや》千乗《せんじよう》、帯甲十万《たいこうじゆうまん》、千里《せんり》にして糧《りよう》を饋《おく》るときは、則《すなわ》ち内外《ないがい》の費《ひ》、賓客《ひんきやく》の用《よう》、膠漆《こうしつ》の材《ざい》、車甲《しやこう》の奉《ほう》、日《ひ》に千金《せんきん》を費《つい》やして、然《しか》る後《のち》に十万《じゆうまん》の師《し》挙《あ》がる。其《そ》の戦《たたか》いを用《もち》いるや、勝《か》つに久《ひさ》しければ則《すなわ》ち兵《へい》を鈍《つか》らせ鋭《えい》を挫《くじ》く。城《しろ》を攻《せ》むれば

孫子曰、凡用兵之法、馳車千駟、革車千乗、帯甲十万、千里饋レ糧、則内外之費、賓客之用、膠漆之材、車甲之奉、日費二千金一、然後十万之師挙矣。其用レ戦也、勝久則鈍レ兵

則《すなわ》ち力《ちから》屈《つ》き、久《ひさ》しく師《し》を暴《さら》さば則《すなわ》ち国用《こくよう》足《た》らず。

挫レ鋭。攻レ城則力屈、久暴レ師則国用不レ足。

孫子は言う。およそ戦力を運用する方法は、戦車千台、輜重車《しちょうしゃ》千台、武装兵士十万という規模で、千里の彼方に食糧を輸送するというときには、国内外の経費、外国の使節をもてなす費用、膠《にかわ》や漆《うるし》といった武具の材料、戦車や甲冑《かっちゅう》の供給など、一日で千金をも費やして、はじめて十万の軍隊を運用できるのである。戦争を行うに際し、敵に勝つまでの長期持久戦となれば、軍を疲弊させ兵の士気をくじいてしまう。敵の城を攻撃する場合には、長期戦となることは必至で、こちらの戦力もつきてしまい、敵が籠城《ろうじょう》を覚悟して長引けば、兵を長期にわたって野営させることになり、必然的に国家の経済も窮乏してしまう。

戦争とは、人が戦うのであり、物が戦うわけではありません。しかし、人の奮闘には限りがあります。気持ちだけでは勝てないのです。奮闘を促すための物質的基盤が重要です。そもそも挙兵を可能とするための戦費や食糧や武器は充分に備蓄されているのか。それらを前線に送るための兵站《へいたん》（後方支援部隊）は確保されているのか。こうした物質的な支援体制が整ってこそ、士気は高まり、奮戦は促されるのです。

また、こうした物質的側面を冷静に勘定してみれば、戦争がいかに割の合わない事業であるかが分かるでしょう。開戦前の戦力は戦争開始とともに確実に消耗していくのです。だからこそ、挙兵の判断は、慎重の上にも慎重を期して下さなければならず、可能な限り短期で決着をつけなければならないのです。

故《ゆえ》に兵《へい》は拙速《せっそく》なるを聞《き》くも、未《いま》だ巧久《こうきゅう》なるを睹《み》ざるなり。夫《そ》れ兵久《へいひさ》しくして国利《くにり》する者《もの》は、未《いま》だ之有《これあ》らざるなり。故《ゆえ》に用兵《ようへい》の害《がい》を知《し》るを尽《つ》くさざる者《もの》は、則《すなわ》ち用兵《ようへい》の利《り》を知るを尽《つ》くすこと能《あた》わざるなり。

故兵聞二拙速一、未レ睹二巧久一也。夫兵久而国利者、未二之有一也。故不レ尽レ知二用兵之害一者、則不レ能レ尽レ知二用兵之利一也。

戦争では、少々まずい点があっても、とにかく速《はや》く切り上げる（拙速）ということはある。しかし、ぐずぐずしてうまい（巧久）ということはない。そもそも長期戦が国家に利益をもたらすということは決してありえないのである。だから、軍隊の運用にともなう損害を知りつくしている者でなければ、軍隊の運用によってもたらされる利益を知りつくすこともできないのである。

『孫子』は、速やかな勝利こそが理想であるとして、長期戦を評価しようとしません。早ければ何でもよいというわけではありません。しかし、とにかく戦争は短期に決着をつけるのが望ましいと言っています。長引けば長引くほど、士気は衰え、国力は疲弊していくからです。ここで言われる「拙速」とは、決して悪い意味ではありません。仕上がりの度合いはともかく、その迅速さが高く評価されているのです。

善《よ》く兵《へい》を用《もち》いる者《もの》は、役《えき》は再《ふたた》びは籍《せき》せず、糧《りょう》は三《み》たびは載《さい》せず。用《よう》を国《くに》に取《と》り、糧《りょう》を敵《てき》に

善用レ兵者、役不ニ再籍一、糧不ニ三載一。取ニ用於国一、因ニ糧於因《よ》る。故《ゆえ》に軍食足《ぐんしょくた》るべきなり。国《くに》の師《し》に貧《ひん》なるは、遠《とお》き者遠《ものとお》きに輸《おく》ればなり。遠《とお》き者遠《ものとお》きに輸《おく》れば則《すなわ》ち百姓貧《ひゃくせいまず》し。

敵。故軍食可レ足也。国之貧ニ於師一者、遠者遠輸。遠者遠輸則百姓貧。

巧みに戦争をする者は、民衆に兵役を二度も課すことはなく、前線への食糧を三度も補給することはない。軍需品は国内で生産して前線に送るけれども、食糧は敵地での現地調達を原則とする。だから、軍隊の食糧が欠乏することはないのである。戦争のために国家が疲弊するのは、遠征軍が食糧や物資をはるか遠方に輸送していくからである。敵中深く進攻した遠征軍が長距離輸送を繰り返せば、国内の民はその負担に窮乏し、貧困を強いられる。

『孫子』が指摘するのは、戦争を戦場のみでイメージしてはならないということでしょう。特に、長距離進攻作戦の場合、その兵站《へいたん》線はのびにのび、物資や食糧の輸送は困難をきわめます。国内を発した物資が無事前線にとどく保証はありません。農民が生産した食糧も、商工業者が生産した物資も、国内需給に回されることなく、戦地に最優先で送られます。戦争は、国内経済に深刻な打撃を与えるのです。

　これに関連して、『管子《かんし》』八観篇《はちかんへん》は次のように述べています。軍糧が三百里はなれた前線に輸送されると国内一年分の食糧備蓄がなくなり、四百里では二年分が空となり、五百里では民衆に飢餓がおとずれる、と。

　また、『孫子』は、敵中深く進攻した軍隊の食糧について、こう述べています。「智《ち》将《しょう》は務《つと》めて敵《てき》に食《は》む（英知にすぐれた将軍は、できるだけ敵地で食糧を調達する）」（作戦篇）、「饒野《じょうや》に掠《かす》むれば、三軍《さんぐん》も食《しょく》に足《た》る（肥沃《ひよく》な土地で掠奪《りゃくだつ》すれば兵糧も欠乏することはない）」（九地篇《きゅうちへん》）と。また、装備についても、「敵《てき》の貨《か》を取《と》る者《もの》は利《り》なり（敵の物資を捕獲するのは自軍の利となる）」（作戦篇）と説いています。これらも、戦争によって国内の経済が打撃を受け、国民が窮乏を強いられることを念頭に置いたことばです。戦争は、基本的に、割に合わない事業なのです。だからこそ、軽々しく発動してはならないのです。

故《ゆえ》に兵《へい》は勝《か》ちを貴《たっと》び、久《ひさ》しきを貴《たっと》ばず。故《ゆえ》に兵《へい》を知《し》るの将《しょう》は、民《たみ》の司命《しめい》、国家《こっか》安危《あんき》の主《しゅ》なり。

故兵貴レ勝、不レ貴レ久。故知レ兵之将、民之司命、国家安危之主也。

だから、戦争は勝利を尊重するが、長期戦となることに価値を置かない。だから、戦争を熟知した将軍は、民衆の死生を左右する司令塔であり、国家の存亡を握る管理者である。

ここで「久」（長期戦）が否定されているのは、本篇で述べられてきた主旨に合致します。戦争が国家経済をいかに圧迫するか、それをよくよく考えてみれば、長期戦は絶対に避けなければなりません。前節にも説かれていた「兵は拙速《せっそく》なるを聞くも、未《いま》だ巧《こう》久《きゅう》なるを睹《み》ざるなり」（四二頁参照）と同様の主張です。そして、こうした戦争の本質を熟知した将軍にのみ、個人の死生と国家の存亡を託せるのです。『孫子』計篇冒頭の「兵とは国の大事なり。死生の地、存亡《そんぼう》の道、察せざるべからざるなり」（二六頁参照）

を思い起こさせることばです。

▼作戦篇の教訓

仕事は速く切り上げる。

◆コラム2　古代中国の軍隊

魯《ろ》の歴史書『春秋《しゅんじゅう》』は、戦争の記事であふれています。そこには、「宋襄《そうじょう》の仁《じん》」に代表されるような古き良き時代の戦争も見られます。

宋襄の仁とは、紀元前六三八年、宋の襄公《じょうこう》が、泓《おう》の戦いで楚《そ》と戦ったときの故事です。襄公は、敵が泓水《おうすい》をすっかり渡り終えてから攻撃を始めたため、逆に楚に惨敗したというのです。渡河《とか》中の敵は無防備です。そこで、「相手が川を渡りきってしまう前に攻撃を仕掛けましょう」と進言する臣下もいました。しかし襄公は、「君子は人の弱みにつけこむものではない」として楚軍の渡河を待ったのです。今では、無用の情け、の意味で使われます。

しかし、『春秋』に記された戦争は、こうした仁義の心に基づく戦争はまれで、謀略によって他国を侵略しようとする仁義なき戦いの方が次第に多くなっていきます。

その変化に決定的な影響を与えたのは、春秋末期の呉《ご》と越《えつ》との戦争です。正面対決を原則とする戦車戦から、さまざまな詐術《さじゅつ》を駆使する歩兵・騎馬戦へ。貴族戦士を主兵力とする数千の軍隊から、国民を総動員する数十万規模の大軍へ。こうした戦争形態の大きな変化は、戦国時代に入るとさらに加速します。

まず、動員兵力数はどうでしょうか。かつて、中国の学者斉思和《せいしわ》は、「孫子著作時代考」(『燕京学報』第二六期、一九三九年)という論文で、『孫子』の「凡そ用兵の法は、馳車《ちしや》千駟、革車《かくしや》千乗、帯甲《たいこう》十万」(作戦篇)(四〇頁参照)という表現は、春秋時代の戦争形態に適合しないとして、『孫子』の成立を戦国中期~後期と推定しました。春秋時代の戦争としては、過大な数値だと考えたのです。

しかし、銀雀山漢墓竹簡《ぎんじやくざんかんぼちつかん》『孫子』が発見されて以来、この説にも再検討が加えられ、『孫子』の成立時期は、春秋末期から戦国前期と考えるのが有力となりました。そこで、修正された動員兵力数は次のようになります。春秋末から戦国初期が数万から十数万。戦国中期が十万から二十万。戦国末期が三、四十万から百万。秦《しん》の始《し》皇帝《こうてい》の軍隊は、常に百万と号していたといわれます。

秦の軍隊（兵馬俑）
始皇帝の近衛軍団を再現したものとされる

次に軍隊構成をみてみましょう。春秋時代の主要兵科は戦車でした。貴族戦士が戦車に搭乗し、戦車同士の戦闘で雌雄を決したのです。歩兵はまだその付属にすぎませんでした。ところが、呉越戦争では、この歩兵が戦争の主役に躍り出ます。複雑な地形や湿地帯をものともせず、機動力を生かしてさまざまな戦術を可能としたのは、戦車ではなく歩兵でした。そして、後には、さらに機動力にすぐれた騎兵が活用されるようになります。

戦国末期の秦の軍隊は、「帯甲《たいこう》百余万、車千乗、騎万匹」（『史記』張儀《ちょうぎ》列伝）、楚の軍隊も「帯甲百万、車千乗、騎万匹」（『戦国策』楚一）と記されます。戦国後期の大国の軍隊構成は、このように、歩兵千に対して戦車一の比率、戦車一に対して騎兵十の割合でした。それ以前に比べて戦車の比率が低下する一方、重要な構成要素として、新たに騎兵が登場することが分かります。

三　謀攻篇

謀攻とは、謀略による攻撃の意味。こちらの戦力を温存したまま、策略によって実質的な勝利を得よと説く篇です。また、謀攻により、敵の兵力をそのまま手中に収めよと述べています。『孫子』兵法の真髄を説く一篇でしょう。

孫子《そんし》曰《いわ》く、凡《およ》そ用兵《ようへい》の法《ほう》は、国《くに》を全《まっと》うするを上《じょう》と為《な》し、国《くに》を破《やぶ》るは之《これ》に次《つ》ぐ。軍《ぐん》を全《まっと》うするを上《じょう》と為《な》し、軍《ぐん》を破《やぶ》るは之《これ》に次《つ》ぐ。旅《りょ》を全《まっと》うするを上《じょう》と為《な》し、旅《りょ》を破《やぶ》るは之《これ》に次《つ》ぐ。卒《そつ》を全《まっと》うするを上《じょう》と為《な》し、卒《そつ》を破《やぶ》るは之《これ》に次《つ》ぐ。伍《ご》を全《まっと》うするを上《じょう》と為《な》し、伍《ご》を破《やぶ》るは之《これ》に次《つ》ぐ。是《こ》の故《ゆえ》に百戦《ひゃくせん》百勝《ひゃくしょう》は、善《ぜん》の善《ぜん》なる者《もの》に非《あら》ざるなり。戦《たたか》わずして人《ひと》の兵《へい》を屈《くつ》するは、善《ぜん》の善《ぜん》なる者《もの》なり。

孫子曰、凡用兵之法、全レ国為レ上、破レ国次レ之。全レ軍為レ上、破レ軍次レ之。全レ旅為レ上、破レ旅次レ之。全レ卒為レ上、破レ卒次レ之。全レ伍為レ上、破レ伍次レ之。是故百戦百勝、非二善之善者一也。不レ戦而屈二人之兵一、善之善者也。

孫子は言う。およそ軍隊を運用する際の原則は、敵国を保全したまま勝利するのを最上の策とし、敵国を撃破して勝利するのは次善の策である。敵の軍団（周代の軍隊編成によれば、一軍は一万二千五百人）を保全したまま勝利するのが最上の策であり、敵の軍団を撃破して勝利するのは次善の策である。敵の旅団《りょだん》（五百人編成の部隊）を保全したまま勝利するのが最上の策であり、敵の旅団を撃破して勝利するのは次善の策である。敵の「卒」（百人編成の部隊）を保全したまま勝利するのが最上の策であり、敵の卒を撃破して勝利するのは次善の策である。敵の「伍」（軍の最小単位、五人から成る）を保全したまま勝利するのが最上の策であり、敵の伍を撃破して勝利するのは次善の策である。これゆえ、百戦して百勝するというのは最善の方策ではない。戦闘を行わずに敵の兵力を屈服させるというのが最善の方策である。

用兵の目的は「国」と「軍」を「全《まっと》うする」ことにあります。せっかく勝利しても、敵の国と軍事力を徹底的に破壊してしまっては、戦後復旧に多大の時間と経費を要します。勝利の意味は半減してしまうでしょう。だから、直接的な軍事力の行使はできるだけ避け、政略・戦略の段階で「戦わずして」真の勝利を得よというのです。激闘の末、

敵国を撃破するような勝利は次善の策なのです。
「百戦百勝」が最善ではないとされるのも、連戦が勝敗のいかんにかかわらず国力の消耗を招くからです。十万の兵力を動員し、千里の彼方に遠征すれば、民間の経費や官費も「日に千金を費《つい》やす」（作戦篇、用間篇）ことになるのです（四〇頁、一六六頁参照）。勝利を求めた結果、国家の経済破綻《はたん》を招いたのでは本末転倒です。政略・戦略の段階で勝利する、つまり実際の戦闘行動を展開する前に決着をつけるのが最上の策なのです。『孫子』はそれを「謀攻」と定義しました。

故《ゆえ》に上兵《じょうへい》は謀《ぼう》を伐《う》ち、其《そ》の次《つぎ》は交《こう》を伐《う》ち、其《そ》の次《つぎ》は兵《へい》を伐《う》ち、其《そ》の下《げ》は城《しろ》を攻《せ》む。

故上兵伐レ謀、其次伐レ交、其次伐レ兵、其下攻レ城。

だから、最上の軍隊のあり方というのは、敵の謀略を見抜いてそれを未然に打ち破ることであり、その次は、敵国と同盟国との外交関係を分断することであり、その次は、敵の野戦軍を撃破することであり、最も下手なのは、敵の城を攻撃することである。

　ここでは、多くの兵力を投入し、長期消耗戦となるような戦い、すなわち城攻めを「下」策としています。攻城戦は、攻撃側に不利です。城を枕に討ち死にの覚悟を決めた敵は、通常の百倍の気力で応戦してきますが、攻める側の士気は半減してしまいます。城攻めには、攻略するための長い時間と多大の兵力損失をともなうからです。

『孫子』は本篇の後節で、「用兵の法は、十なれば則《すなわ》ち之《これ》を囲《かこ》み」（五六頁）と言っています。つまり、敵城の包囲には十倍の兵力が必要だというのです。また、包囲された必死の敵軍を追いつめてはならないと説いています。「窮鼠猫《きゅうそねこ》をかむ」のことわざがあるように、自軍にも多大の損失が生ずるからです。『孫子』はそこで、「敗北して帰還しようとする敵軍をとどめてはならない。包囲した敵軍には一箇所退路をあけておけ」（軍争篇）と言っています（一〇六頁参照）。

故《ゆえ》に善《よ》く兵《へい》を用《もち》いる者《もの》は、人《ひと》の兵《へい》を屈《くつ》するも、

故善用㆑兵者、屈㆓人之兵㆒而

而《しか》して戦《たたか》うに非《あら》ざるなり。人《ひと》の城《しろ》を抜《ぬ》くも、而《しか》して攻《せ》むるに非《あら》ざるなり。人《ひと》の国《くに》を毀《やぶ》るも、而《しか》して久《ひさ》しきに非《あら》ざるなり。必《かなら》ず全《まった》きを以《もっ》て天下《てんか》に争《あらそ》う。故《ゆえ》に兵《へい》は頓《つか》れずして利《り》は全《まった》くすべし。此《こ》れ謀攻《ぼうこう》の法《ほう》なり。

非レ戦也。抜二人之城一、而非レ攻也。毀二人之国一、而非レ久也。必以レ全争二於天下一。故兵不レ頓而利可レ全。此謀攻之法也。

戦《いくさ》上手の者は、敵の軍隊を屈服させるとしても、激しい戦闘をするわけではない。敵の城を陥落させるとしても、力まかせに攻めるのではない。敵国を滅亡させるとしても、長期戦によるのではない。必ず敵の兵力・国力を保全したまま、勝利を天下に宣言するのである。だから、その軍隊は疲弊することなく、利益はそのまま獲得できるのである。これが謀攻による勝利の方法である。

敵に勝つというのは、重要な目的です。しかし、そのために手段を選ばないというのでは、せっかくの勝利も、その意義を失ってしまいます。ここで否定されているのは、多大の戦力を浪費する野戦、攻城戦、長期戦です。

策略をめぐらし、できるだけ兵力を温存したまま勝利を収める。また、敵の兵力もそっくりそのまま手に入れる。これが、『孫子』の理想とする謀攻の法です。

故《ゆえ》に用兵《ようへい》の法《ほう》は、十《じゅう》なれば則《すなわ》ち之《これ》を囲《かこ》み、五《ご》なれば則《すなわ》ち之《これ》を攻《せ》め、倍《ばい》すれば則《すなわ》ち之《これ》を分《わ》かち、敵《てき》すれば則《すなわ》ち能《よ》く之《これ》と戦《たたか》い、少《すく》なければ則《すなわ》ち能《よ》く之《これ》を逃《のが》れ、若《し》かざれば則《すなわ》ち能《よ》く之《これ》を避《さ》く。

故用兵之法、十則囲レ之、五則攻レ之、倍則分レ之、敵則能戦レ之、少則能逃レ之、不レ若則能避レ之。

兵力運用の法則は、自軍の兵力が敵の十倍であれば、敵を包囲して一気に攻める。五倍であれば、正面攻撃をかける。二倍であれば、敵を分断して各個撃破する。兵力が匹敵していれば、勝敗は奮闘いかんにかかってくる。自軍の兵力が敵よりも少なければ、兵力を保全していかに退却するかを画策する。まったくかな

――わないほどの兵力差であれば、ただちに戦場からの離脱をはかる。

敵との兵力差によって、こちらの行動も変わってきます。十倍という兵力差があってはじめて、敵を包囲し、一気に攻めることができるのです。兵力が互角であれば、勝敗の行方は紙一重となり、あとは軍隊の奮闘にかかってきます。敵より少ない兵力では、よほどの奇策を用いない限り勝利は望めません。そのようなときは、無理をせず、まず逃げることを考えよというのです。「三十六計逃げるにしかず」なのです。

曹操（『歴代古人像賛』）

ところで、『孫子』に注釈をほどこした三国時代の魏《ぎ》の曹操《そうそう》は、「五なれば則ち之を攻め」の部分について、五倍の兵力を三と二に分け、三を「正兵《せいへい》」、二を「奇兵《きへい》」（機動部隊）として運用するという意味に理解しました。また、「倍すれば則ち之を分かち」の部分について、自軍兵力を二つに分割して敵にあたるという意味に理解しています。魅力的な解釈ですが、前者は、正兵と奇兵を三対二という比率に固定して運用することになります。これは、「奇」「正」の柔軟な変化を説く『孫子』の原義に合致しないでしょう（七九頁参照）。また、後者も、構文上、「之」字はすべて敵のことを指していると考えられますから、やはり無理な解釈でしょう。ただ、この解釈は、曹操の実戦経験から出たものかもしれません。

夫将者、国之輔也。輔周則国必強、輔隙則国必弱。

夫《そ》れ将《しょう》とは、国《くに》の輔《ほ》なり。輔周《ほしゅう》なれば則《すなわ》ち国《くに》必《かなら》ず強《つよ》く、輔隙《ほげき》あれば則《すなわ》ち国《くにかなら》必ず弱《よわ》し。

国の存亡をかけて戦う将軍は、国家の補佐役である。この補佐役がさまざまに目配りのきく周到な人物であれば、その国は必ず強く、この補佐役が戦いにしか能のない隙《すき》だらけの人物であれば、その国は必ず弱体化する。

多くの資質を要求される将軍は、単に軍隊の最高指揮官であるにとどまりません。戦争が国家の存亡を左右する大事業である以上、国政の責任者の一人であるとも言えます。国家の最高指導者は王（君主）であるとしても、その重要な補佐役としての将軍の力量

によって、国家は強くも弱くもなるのです。

故《ゆえ》に勝《か》ちを知《し》るに五有《ごあ》り。以《もっ》て戦《たたか》うべきと以《もっ》て戦《たたか》うべからざるとを知《し》る者《もの》は勝《か》つ。衆寡《しゅうか》の用《よう》を識《し》る者《もの》は勝《か》つ。上下欲《じょうげよく》を同《おな》じくする者《もの》は勝《か》つ。虞《ぐ》を以《もっ》て不虞《ふぐ》を待《ま》つ者《もの》は勝《か》つ。将能《しょうのう》にして君御《きみぎょ》せざる者《もの》は勝《か》つ。此《こ》の五者《ごしゃ》は勝《か》ちを知《し》るの道《みち》なり。

故知レ勝有レ五。知下可二以戦一与上不レ可二以戦一者勝。識二衆寡之用一者勝。上下同レ欲者勝。以レ虞待二不虞一者勝。将能而君不レ御者勝。此五者知レ勝之道也。

勝利を見きわめるには五つのポイントがある。戦うべきかどうかの見きわめがつく者は勝つ。兵力の多寡に応じてその適切な運用ができる者は勝つ。上に立つ者と下々の者の気持ちが一致している者は勝つ。深い計謀によって敵の不覚を待つ者は勝つ。将軍が有能で、しかも君主がその将軍の指揮権に介入しようとしなければ勝つ。この五つは、勝利を見きわめるための方策である。

『孫子』が述べるこれらのポイントは、すべて戦う前に分かることばかりです。「勝ちを知る」のは、戦場に到着してからではなく、敵味方の実情を事前に充分把握することによって可能となります。

なお、この五つの内、「将能《のう》にして君御《ぎょ》せざる者は勝つ」というのは、組織における最高責任者と現場責任者との関係についての一般論としても、核心をついた至言です。最高責任者は、有能な現場責任者に指揮権をゆだねます。一旦《いったん》権限を委譲した上は、現場のことに口をさしはさんではいけません。指揮を任せておきながら、現場責任者の頭越しに命令がとどくようでは、組織の指揮命令系統は混乱し、現場責任者も不信感を懐《いだ》くでしょう。組織の長は、こうした意味で、有能な部下を信頼する度量がなくてはなりません。

故《ゆえ》に曰《いわ》く、彼《かれ》を知《し》り己《おのれ》を知《し》れば、百戦《ひゃくせん》して殆《あやう》からず。彼《かれ》を知《し》らずして己《おのれ》を知《し》れば、一勝一《いちしょういち》

故曰、知レ彼知レ己、百戦不レ殆。不レ知レ彼而知レ己、一勝一負。不レ知レ彼不レ知レ己、毎レ戦必殆。

負《ふ》す。彼《かれ》を知《し》らず己《おのれ》を知《し》らざれば、戦《たたか》う毎《ごと》に必《かなら》ず殆《あやう》し。

敵の実情を知り、また自軍の実態を知る。そうすれば、百たび戦っても危うい
ことはない。また敵の実態については充分な情報が得られなかった。しかし自軍の実態については充分把握していた。このような場合は、勝ったり負けたりとなる。敵を知らずまた己をも知らないということでは、戦うたびに身を危険にさらすことになる。

「彼を知り己を知れば、百戦して殆からず」は、『孫子』の中でも、最も有名なことばの一つです。ここで『孫子』は、情報収集とその分析がいかに大切かを述べています。また、敵の実態を明らかにすることだけではなく、「己を知る」ことも大切であると説いています。勝敗は、彼我《ひが》の戦力比較によって相対的に明らかになってくるからです。自分のことを棚にあげた上での判断は禁物でしょう。

▼謀攻篇の教訓

勝てばよいというものではない。どう勝つかが問題である。

◆コラム3　兵家《へいか》の悲哀

「貞観《じょうがん》の治《ち》」と言えば、唐の太宗李世民《たいそうりせいみん》（在位六二六～六四九）の治世として知られています。太宗は多くの賢臣や名将を用い、内政の充実と対外遠征の勝利という輝かしい栄光を勝ち取っていきました。

その太宗と将軍李靖《りせい》（五七一～六四九）との問答で構成される兵書『李衛公問対《りえいこうもんたい》』には、兵家の命運について、興味深いことばが記されています。

太宗は李靖との問答の最後で、「三代にわたって将軍となることを忌《い》む」と言っています。なぜ、三代にわたって将軍となることが「忌む」べきことなのでしょうか。それは、兵法という国家の最高機密を継承したり、伝授したりすることが非常に難しいからです。みだりに公開すれば機密の漏洩《ろうえい》や権威の失墜を招き、また伝承しなければ軍事は停滞してしまいます。そこで李靖は、その兵法書をすべて将軍李勣《りせき》（五九四～六六九）に与えて引退したそうです。

なお、太宗のことばは、もともと『史記』王《おう》翦列伝《せんれつでん》に見える「夫《そ》れ将《しょう》と為《な》ること三世なる者は必ず敗《やぶ》る」に基づくものです。秦《しん》の二世皇帝の時、将軍王翦の孫・王離《おうり》は、鉅鹿《きょろく》城を包囲、勝利は必定と見られていました。しかしある人が王離の敗北を予言します。三代も将軍を務めた家は、殺人を積み重ねているから、その子孫は必ず不幸に見舞われるというのがその理由です。はたして、王離は敗れ、項羽《こうう》によって捕らえられてしまいました。

このように、『史記』と唐の太宗とでは「忌む」べき理由が微妙に異なっています。『史記』

李靖（『歴代古人像賛』）

太宗（同）

では、将軍となって活躍し、勝利のために大量殺人を重ねれば、後にさまざまな怨念をこうむるからと言っています。いわば因果応報的な解釈です。これに対して太宗は、兵法という最高機密を伝授することがいかに難しいかという点から李靖に忠告を与えたのです。

かつて司馬遷《しばせん》は、『史記』の中に、孫子呉起列伝《そんしごきれつでん》という一篇をもうけ、孫臏《そんぴん》と呉起の末路について、特に感慨を寄せています。孫臏は龐涓《ほうけん》を計略にかける知恵を持ちながら、自らは足斬りの刑に処せられるのを防ぐことができず（コラム1参照）、呉起は魏の武侯《ぶこう》に人徳の重要性を説きながら、自らはあまりに酷薄に過ぎて、その身を滅ぼすこととなった（コラム10参照）というのです。司馬遷は、こうした二人の末路について、「悲しきかな」と記しています。

将軍や軍師は悲哀に満ちた存在なのです。

必勝をもたらすための軍の形勢について説く篇です。攻撃と守備との関係、さらには軍事における計量的思考の大切さについても深く考えさせられる一篇です。

孫子曰、昔之善戦者、先為レ不レ可レ勝、以待ニ敵之可一レ勝。不レ可レ勝在レ己、可レ勝在レ敵。

孫子《そんし》曰《いわ》く、昔《むかし》の善《よ》く戦《たたか》う者《もの》は、先《ま》ず勝《か》つべからざるを為《な》して、以《もっ》て敵《てき》の勝《か》つべきを待《ま》つ。勝《か》つべからざるは己《おのれ》に在《あ》り、勝《か》つべきは敵《てき》に在《あ》り。

古《いにしえ》の戦《いくさ》上手の者は、まず、敵が攻撃してきても決して勝つことができないような態勢を整え、敵が陣容を崩し、自軍が必ず勝てるという形勢がおとずれるのを待った。だから、しっかりした守備の態勢を作り上げるのはこちらに関わることであり、必ず勝つことができるような形勢がおとずれるかどうかは敵に関わることである。

本節については、前の謀攻篇の末尾の句「彼《かれ》を知り己《おのれ》を知れば、百戦して殆《あやう》からず」を受けている、との解釈があります（宋の張預《ちょうよ》の解釈）。つまり、「先《ま》ず勝つべからざるを為《な》」すというのは、自軍に関わることで、「己を知る」ことが前提となります。そして次の「敵の勝つべきを待つ」というのは敵に関わることで、「彼を知る」必要がありま す。こうした理解です。いずれにしても、防衛態勢を整えることが優先されているように思われます。

『孫子』の兵法とは、いわば「負けない」兵法なのです。しかし、守備だけに専念すればよいというわけではありません。

そもそも戦闘は、攻撃と守備という二つの形態に大別されます。攻撃と守備には、異なる軍隊運用が必要となります。攻撃向きの将軍もいれば、守備を得意とする部隊もいます。しかし、この両者はまったく別ものなのではありません。攻撃は最大の防御ともなり、敵の攻撃を我慢強くくい止めるところに反転攻勢の機会が生まれるのです。攻撃を特務として派遣された小部隊が、思わず敵の主力部隊と遭遇し、守備隊にならざるを得ない場合もあるでしょう。また、守備隊が思わぬ成果をあげて敵の攻撃を跳ね返し、増援部隊の到着を待たずに、そのまま攻撃に転ずることもあるでしょう。攻撃と守備、実はこの二つは密接な関係にあり、攻守の反転は一瞬のできごとなのです。

勝《か》つべからざる者《もの》は、守《しゅ》なり。勝《か》つべき者《もの》は、攻《こう》なり。守《しゅ》は則《すなわ》ち足《た》らざればなり、攻《こう》は則《すなわ》ち余《あま》り有《あ》ればなり。善《よ》く守《まも》る者《もの》は九地《きゅうち》の下《した》に蔵《かく》れ、善《よ》く攻《せ》むる者《もの》は九天《きゅうてん》の上《うえ》に動《うご》く。故《ゆえ》に能《よ》く自《みずか》ら保《たも》ちて勝《か》ちを全《まっと》うするなり。

不㆑可㆑勝者、守也。可㆑勝者、攻也。守則不㆑足、攻則有㆑余。善守者蔵㆓於九地之下㆒、善攻者動㆓於九天之上㆒。故能自保而全㆑勝也。

敵がこちらに勝てないような態勢を作るというのは、守備に関わることである。こちらが敵に勝つような態勢を作るというのは、攻撃に関わることである。守備を優先するのは、兵力が不足しているときである。攻撃を選択するのは、兵力に余裕のあるときである。守備のうまい軍隊は、まるであらゆる地形を利用してその下に隠れているかのようであり、攻撃のうまい軍隊は、まるで天空の上を駆けているかのようである。だからこそ、自分の姿を敵にさらすことなく保全し、勝ちを収めるのである。

戦闘の形式には、攻撃と守備の二種類があります。この両者の関係について、この現行本『孫子』形篇では、劣勢の時には守備を選択せよ、と言っています。兵力が不足している場合、重視すべきは守備だというもので、守備に対する消極的な理解だといえます。

ところが、銀雀山漢墓《ぎんじやくざん》から出土した竹簡本『孫子』では、この箇所が「守は則ち余り有り、攻は則ち足らず」となっていました。つまり、現行本とは、「攻」「守」と「有余」「不足」との関係が逆転しているのです。現行本では、兵力が劣勢だから守備に回り、優勢だから攻撃するとの理解になりますが、竹簡本では、守備の方が、戦力に余裕を生ずる、むしろ有利な戦闘形式だとされているのです。本来は、守りを積極的に重視するのが、『孫子』の基本的性格だったのでしょう。これは、攻守観についての『孫子』理解が時代とともに変化した可能性を示しています。

なお、これに関連して注目されるのは、唐の李靖《りせい》の兵法を伝えるとされる『李衛公問対《りえいこうもんたい》』です。李靖はその中で、この『孫子』形篇の語を引用し、「攻守」に関する通念を批判しています。つまり、攻守と強弱との関係について、守が先で攻が後、攻が強で守が弱という固定的な理解はよくない。敵の状態に応じて、自軍の攻守・強弱を使い分けよというのです。もちろん、李靖は現行本の『孫子』と竹簡本の『孫子』とを見比べて言っているわけではありません。しかし、李靖は現行本『孫子』の攻守観に何か不自然なものを感じたのでしょう。銀雀山漢墓竹簡の発見は、こうした攻守の考え方についても、新たな見方を提供したのです。

古《いにしえ》の所謂《いわゆる》善《よ》く戦《たたか》う者《もの》は、勝《か》ち易《やす》きに勝《か》つ者《もの》なり。故《ゆえ》に善《よ》く戦《たたか》う者《もの》の勝《か》つや、智名《ちめい》も無《な》く、勇功《ゆうこう》も無《な》し。

古之所謂善戦者、勝レ易レ勝者也。故善戦者之勝也、無ニ智名一、無ニ勇功一。

古代の戦《いくさ》上手といわれた者の戦いぶりは、勝ちやすい敵に勝つのである。だから、戦上手の者が勝つときには、知恵者という名声がたつこともなく、勇気ある軍功であると評価されることもないのである。

本当の戦上手は、必勝の勝算が立った上で戦います。だから、その戦いは、まるで赤子の手をひねるような結果となるのです。すぐれた戦術であったとか、かくも勇敢に戦ったとかの評判が立つことはありません。それは、企画の段階ですでに勝利が決まっていた容易な戦いだったからです。逆に、世間をうならせるような戦術や後世に語りつがれるような勇敢な戦いというのは、充分な勝算がなかったからこそ、激闘となり、戦場において「智」や「勇」が目立つこととなったのです。本当の天才が世に知られることがないのと同じように、真の用兵家も、意外と無名の存在だったりするのです。

是《こ》の故《ゆえ》に勝兵《しょうへい》は先《ま》ず勝《か》ちて而《しか》る後《のち》に戦《たたか》いを求《もと》め、敗兵《はいへい》は先《ま》ず戦《たたか》いて而《しか》る後《のち》に勝《か》ちを求《もと》む。

是故勝兵先勝而後求レ戦、敗兵先戦而後求レ勝。

勝利の軍隊というのは、まず開戦前の廟算《びょうさん》の段階で勝ち、その上で実際の戦争に勝つ。逆に、敗北の軍隊というのは、入念な事前計画もなく、とりあえず戦ってみて勝ちを求めようとする。

『孫子』は、必勝の形勢を立ててから戦うことが肝要であると説いています。勝敗は戦場に行ってみて決まるのではありません。事前の計謀の段階でほぼ決しているのです。勝算もなく、とにかく戦ってみようという考えでは、負けるのは当たりまえです。

こうした合理的思考の反対側にあるのは、戦力の不足を気力で補おうとする精神論でしょう。必勝の気構えがあれば、戦力の不利を挽回できるという考えは、決定的な作戦ミスにつながることがあります。もちろん、戦闘における「勢」や「気」は重要です。しかし、それは、基本的な勝算がたってからの話です。勝算がないのに、気合いだけ入れても、むなしい空回りとなるにすぎません。

兵法《へいほう》は、一《いち》に曰《いわ》く度《ど》、二《に》に曰《いわ》く量《りょう》、三《さん》に曰《いわ》く数《すう》、四《し》に曰《いわ》く称《しょう》、五《ご》に曰《いわ》く勝《しょう》。地《ち》は度《ど》を生《しょう》じ、度《ど》は量《りょう》を生《しょう》じ、量《りょう》は数《すう》を生《しょう》じ、数《すう》は称《しょう》を生《しょう》じ、称《しょう》は勝《しょう》を生《しょう》ず。故《ゆえ》に勝兵《しょうへい》は鎰《いつ》を以《もっ》て銖《しゅ》を称《はか》るが若《ごと》く、敗兵《はいへい》は銖《しゅ》を以《もっ》て鎰《いつ》を称《はか》るが若《ごと》し。

兵法、一曰度、二曰量、三曰数、四曰称、五曰勝。地生レ度、度生レ量、量生レ数、数生レ称、称生レ勝。故勝兵若ニ以レ鎰称一レ銖、敗兵若ニ以レ銖称一レ鎰。

軍事には計量的思考が必要となる。「度」「量」「数」「称」「勝」の五つである。まず戦場の地形を測定するという「度」が、そこに必要となる物量の測定「量」的思考を促し、「量」は、そこに投入すべき兵力数を算定するという「数」の思考を促し、「数」は、敵味方の兵力数を比較するという「称」の思考を促し、「称」は、戦闘形態を定めて勝算を確定するという「勝」の思考を促す。すぐれた軍隊は、このような段階的思考を経て勝算を確立しているから、重い分銅「鎰《いつ》」で軽い分銅「銖《しゅ》」と重さを競うように、その勝利は確実であり、逆にこうした思考回路を持たない軍隊は、軽い「銖」の分銅で重い「鎰」と重さを競うように、その敗北は明らかである。

「度」とは、ものさしで測定すること、「量」とは升目《ますめ》ではかること、「数」とは数量を数えること、「称」とは二つのものを比較すること、「勝」とは必勝の形を策定することです。こうした数量的思考は、たがいに関連を持ち、一つが欠けても判断を狂わせます。戦争は一種の芸術だという見方もありますが、鑑賞者をうならせるようなすぐれた芸術作品にも、その背後に芸術家の緻密《ちみつ》な計算があることを知るべきでしょう。計量的思考を持たず、雰囲気や情緒で、漠然とものごとを判断するものには、漠然とした結果しか与えられません。

なお、一銖は、一両の二十四分の一で、約〇・六グラム、ごく軽いものを意味することばです。また一鎰は、二十四両で約三七〇グラムに相当します。

勝者《しょうしゃ》の民《たみ》を戦《たたか》わしむるや、積水《せきすい》を千仞《せんじん》の谿《たに》に決《けつ》するが若《ごと》き者《もの》は、形《けい》なり。

勝者之戦㆑民也、若㆑決㆓積水於千仞之谿㆒者、形也。

勝者が民を動員して戦わせるさまは、まるで満々と湛《たた》えた水を千尋《せんじん》の谷底にきって落とすようなものであり、これこそが軍隊の理想的な形勢である。

ここで『孫子』が想定しているのは、貴族戦士の戦いではありません。平常は農耕に従事しているような平凡な民を動員する戦いです。かれらは、戦闘の技術も劣り、勝利への意欲も薄いのです。そうしたかれらをいかに戦わせるか。『孫子』はそれについて、集団としての形勢の重視を説きます。こうして「形」を整えた軍隊に、いかにエネルギーを注入するか、それを説くのが、次の勢篇です。

▼形篇の教訓

漠然とものごとを考えれば、漠然とした結果しか得られない。

◆コラム4　戦争の正当性

『孫子』と『孫臏《そんぴん》兵法』とは、「孫氏」学派の兵法を説くものとして共通点が多くみられます。ただ、『孫臏兵法』には、戦国時代の状況を反映してか、発展をとげていると思われる点もあります。

古代中国の戦争形態は、春秋時代末の呉越《ごえつ》戦争で大きな変革をとげますが、その後、戦国時代も中期になると、さらに大きく変貌《へんぼう》します。戦争の主要目的は、

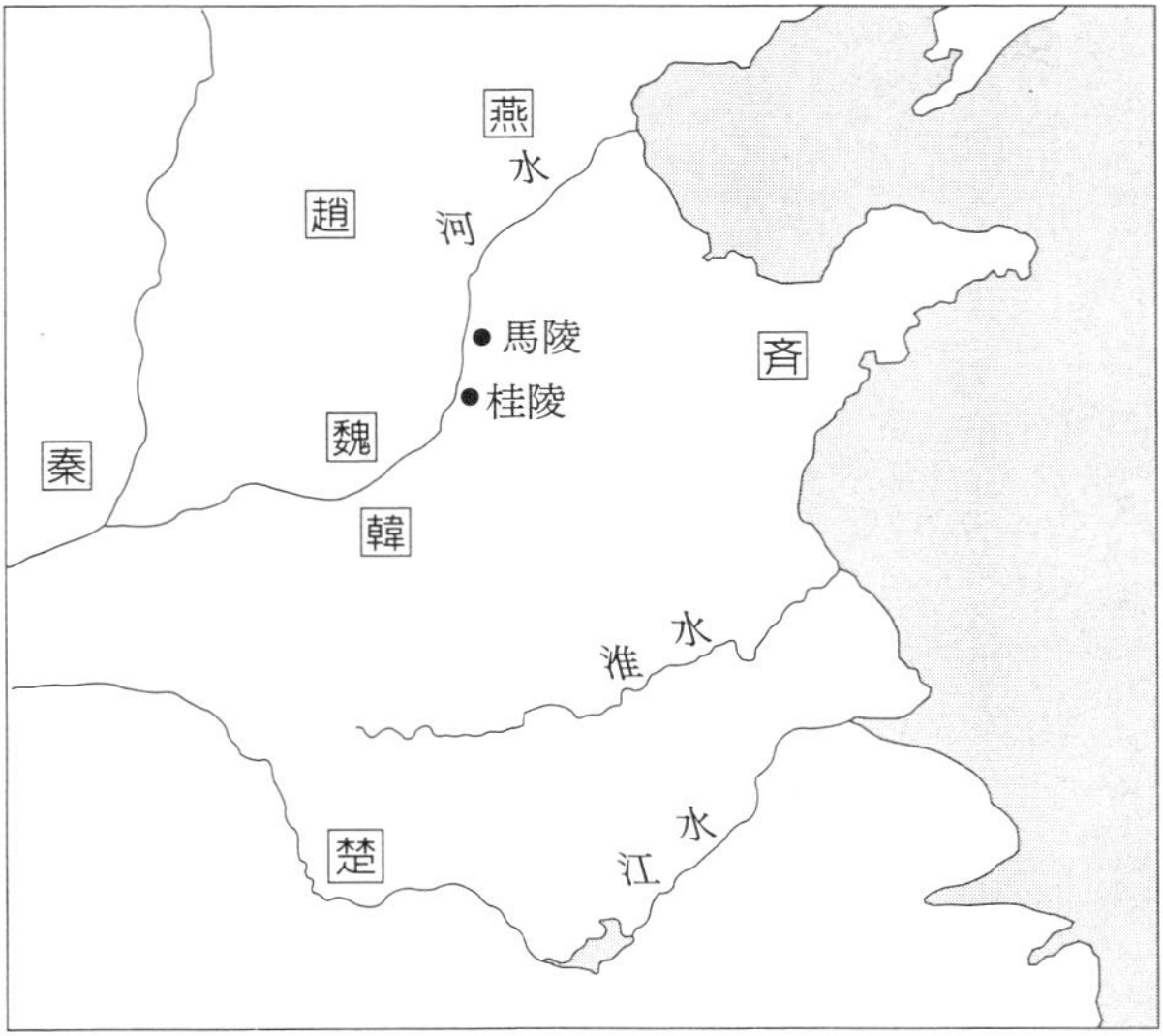

戦国時代地図

敵の戦略的拠点を奪い取るにとどまらず、露骨な領土の拡大や他国の併呑《へいどん》へと移っていきます。また、強国間での「合縦《がっしょう》（合従）」「連衡《れんこう》（連横）」などによる複雑な情勢も現れます。

合縦とは、戦国時代の外交家・蘇秦《そしん》が提唱したもので、韓《かん》・魏《ぎ》・趙《ちょう》・斉《せい》・楚《そ》・燕《えん》の六カ国が南北に連合して、西の強国である秦《しん》に対抗しようとした策です。

一方、連衡とは、外交家の張儀《ちょうぎ》によって提唱されたもので、韓・魏・趙・斉・楚・燕の六カ国がそれぞれ秦と東西方向に連携しようとする策です。戦争は、もはや一国対一国という図式ではとらえられなくなっていたのです。

次に、主要兵科としては、歩兵と騎兵が完全に戦車に取って代わりました。機動性を増した軍隊の進撃距離はのびて、戦争の地理的範囲が一気に拡大しました。最大動員兵力数も数十万から百万へと増加。戦闘期間も長期化します。新たな戦術が創出され、殺傷力の高い新兵器も開発されました。戦闘による戦力消耗も激しくなり、紀元前二六二年、秦と趙が戦った長平《ちょうへい》の戦いでは、趙側に四十万人もの戦死者が出たといわれています。

こうした情勢の変化を受けて、そもそも戦争の正当性そのものが問われることとなったのは当然でしょう。なぜ戦争を行うことが正しいのか。戦争の意義は何かという問題です。そこで、『孫臏兵法』は、この正当性の問題を、人間の本性（闘争心）との関係から追究しました。孫臏は次のように説明します。

そもそも、人間の喜びや怒りといった感情が闘争を生み出す。それは、自然の道理である。人間は、猛獣のような攻撃・防御機能を先天的に持たない。

そうした人間のために、「聖人」が武器を創作してくれたのである。その武器を使って軍備をなすのは当然である。（勢備篇）

『孫臏兵法』はこのように述べ、黄帝《こうてい》が剣を創作し、羿《げい》が弓を発明し、禹《う》が舟や車を作ったという伝説は、みなこのことを指しているのだと言います。こうした正当化の理屈は、『孫子』には見られません。『孫子』では、戦争は目の前に確固として存在するもので、その正当性について議論するようないとまは、なかったのでしょう。この点は、確かに、『孫臏兵法』の特色であるといえます。

五 勢 篇

軍事集団としての「勢」（エネルギー）について説く篇です。個人の武勇や奮闘ではなく、組織としての圧倒的な力が勝利をもたらすと述べています。

孫子《そんし》曰《いわ》く、凡《およ》そ衆《しゅう》を治《おさ》むること寡《か》を治《おさ》むるが如《ごと》きは、分数是《ぶんすうこ》れなり。衆《しゅう》を闘《たたか》わしむること寡《か》を闘《たたか》わしむるが如《ごと》きは、形名是《けいめいこ》れなり。三《さん》軍《ぐん》の衆《しゅう》、畢《ことごと》く敵《てき》に受《こ》えて敗《やぶ》る無《な》からしむべき者《もの》は、奇正是《きせいこ》れなり。兵《へい》の加《くわ》うる所《ところ》、碬《たん》を以《もっ》て卵《らん》に投《とう》ずるが如《ごと》き者《もの》は、虚実是《きょじつこ》れなり。

孫子曰、凡治レ衆如レ治レ寡、分数是也。闘レ衆如レ闘レ寡、形名是也。三軍之衆、可レ使ニ畢受レ敵而無レ敗者、奇正是也。兵之所レ加、如ニ以レ碬投レ卵者、虚実是也。

孫子が言う。大隊を動員しているのに、まるで小隊を動員しているかのように整然としているのは、分数（部隊の編成）が明確だからである。大隊を戦闘させているのに、まるで小隊を戦わせているかのように機敏であるのは、形名（旗や幟《のぼり》、太鼓や鉦《かね》といった号令）の形式が整っているからである。全軍の士卒が敵の来襲にことごとく対応して敗れることがないというのは、奇正（奇襲と正攻法）の運用が巧みに行われているからである。その軍隊が行くところ、必ず固い石を柔らかい卵に投げつけるようにたやすく敵を打ち破ることができるのは、虚実（充実した軍隊で敵の隙《すき》をつく方法）の運用が適切に行われているからである。

ここで想定されているのは、大軍の動員です。少数精鋭の軍隊が戦う場合と異なり、大勢の士卒を整然と統率するためには、一定の技術が必要となります。「分数」や「形名」。具体的には、部隊編成と指揮系統です。これらが確立して初めて「衆」を自在に運用できるのです。

また、「奇正」「虚実」も、『孫子』の中で重要な位置を占める軍事用語です。「奇正」については本篇の次節、「虚実」については次の虚実篇に詳しい説明が見られます。

凡《およ》そ戦《たたか》いは、正《せい》を以《もっ》て合《がっ》し、奇《き》を以《もっ》て勝《か》つ。
故《ゆえ》に善《よ》く奇《き》を出《いだ》す者《もの》は、窮《きわ》まり無《な》きこと天地《てんち》の如《ごと》く、竭《つ》きざること江河《こうが》の如《ごと》し。

凡戦者、以レ正合、以レ奇勝。
故善出レ奇者、無レ窮如二天地一、
不レ竭如二江河一。

敵兵力を前にして布陣するには、まず定石《じょうせき》通りの「正」兵による。しかし、最後の勝利の鍵を握るのは「奇」兵である。巧みに奇兵を繰り出す軍隊は、天地の運行のようにきわまりなく、大河の流れのようにつきることがない。

軍隊の運用は、「正」攻法と「奇」策のわずか二種類にすぎません。しかし、その配合のバリエーションは無数にあります。「奇」から「正」へ、「正」から「奇」へ、そのきわまりないありさまは、誰にもとらえることはできません。

戦争の美学から言えば、正々堂々、正面から敵に挑むのが美しい士の姿なのでしょう。しかしこの美学に拘泥すると、単なる面子《メンツ》のために、尊い人命を犠牲にしてしまいます。散り際を美しくなどと叫んで軍隊を全滅させ、国家を滅亡させてはならないのです。国の存続と人の生命とを第一に考えていれば、美学や面子にはこだわってはいられないはずです。国力と軍事力を保全したまま勝利を収めるためには、少ない労力で大きな成果をあげなければなりません。権謀を戦争の本質と考える『孫子』は、正攻法に加え、奇策の重要性を強調しました。

激水《げきすい》の疾《はや》くして、石《いし》を漂《ただよ》わすに至《いた》る者《もの》は、勢《せい》なり。鷙鳥《しちょう》の撃《う》ちて、毀折《きせつ》に至《いた》る者《もの》は、節《せつ》なり。是《こ》の故《ゆえ》に善《よ》く戦《たたか》う者《もの》は、其《そ》の勢《せい》は険《けん》にして、其《そ》の節《せつ》は短《たん》なり。勢《せい》は弩《ど》を彍《ひ》くが如《ごと》く、節《せつ》は機《き》を発《はつ》するが如《ごと》し。

激水之疾、至ニ於漂レ石者、勢也。鷙鳥之撃、至ニ於毀折一者、節也。是故善戦者、其勢険、其節短。勢如レ彍レ弩、節如レ発レ機。

水が激しく流れて石をも漂わすまでに至るのは、勢である。タカやハヤブサなどの猛禽《もうきん》が急降下して獲物をとらえ、骨を砕くまでに至るのは、節（ふしめ）である。だから巧みに戦う者は、その勢を、あふれる直前までいっぱいに蓄積し、そのエネルギーを発する節目は一瞬なのである。たとえて言えば、勢を蓄積するというのは、殺傷力の高い弩《ど》（機械じかけの弓）の弦をいっぱいまで張るようなものであり、節とは、弩の引き金を瞬間的に引くようなものである。

『孫子』が重視する「勢」とは、集団のエネルギーです。勝敗を決める要素は、作戦行動の是非、兵力の多寡、兵站《へいたん》の有無、将軍や士卒の力量、戦場の天候や地形などさまざまです。ただ、直接目には見えない要素として、士卒の気力や集団としてのエネルギーも重要です。『孫子』は、これらを特に重視し、戦闘における「気《き》」と「勢《せい》」の思想を理論化しました。気合いを入れ、勢いに乗じて勝つのです。

弩を引く兵士（『武備志』）

故《ゆえ》に善《よ》く敵《てき》を動《うご》かす者《もの》は、之《これ》に形《かたち》すれば、敵《てき》必《かなら》ず之《これ》に従《したが》い、之《これ》に予《あた》うれば、敵必《てきかなら》ず之《これ》を取《と》る。利《り》を以《もっ》て之《これ》を動《うご》かし、卒《そつ》を以《もっ》て之《これ》を待《ま》つ。

故善動レ敵者、形レ之、敵必従レ之、予レ之、敵必取レ之。以レ利動レ之、以レ卒待レ之。

戦いの主導権を握り、敵を巧みに誘導するものの様子はこのようである。ある具体的な「形」を敵に示すと、敵は必ずそれにつられて動き出す。また、「利」を敵にちらつかせると、敵は必ずそれにくらいついてくる。利益を見せて敵を誘導し、伏兵によって敵を待ちかまえるのである。

『孫子』は「無形」の軍隊の重要性を説きました（次の虚実篇参照）。ただ、ここではあえて「形」と「利」を敵に示せと言っています。それによって敵を城から誘い出したり、攻撃予定地点へ誘導したりせよというのです。もちろんそこには伏兵を配置しておき、利につられてやってくる敵を一気にたたくのです。ここで言う「形」とは、たとえば、左右から挟み撃ちするような陣形に展開するとか、偽りの退却の形を示すなどがそれに当たります。また、「利」とは、食糧や武器、金品や美女、戦略拠点となる街や砦《とりで》など、敵を誘導できるものを指すでしょう。

故《ゆえ》に善《よ》く戦《たたか》う者《もの》は、之《これ》を勢《せい》に求《もと》めて、人《ひと》に責《もと》

故善戦者、求二之於勢一、不レ責二

めず。

於人。

巧みに戦うものは、集合体としての軍隊の勢によって勝つのであり、特定の人物の力量に頼って勝つのではない。

かつては、中国でも日本でも、勇士が名乗りを上げてから戦闘を開始し、その勇士の突出した働きが勝敗を決した時代もありました。しかし、ここで『孫子』が説くのは、あくまで集団としての力、すなわち「勢」です。「勢」は、個々の士卒の力量を単純に合算した以上の力です。名乗りを上げる勇士も、この圧倒的な勢の前には、なすすべもありません。

『孫子』はこれに続けて、「円石《えんせき》を千仞《せんじん》の山《やま》に転《てん》ずるが如《ごと》き者《もの》は勢《せい》なり」と説いています。同じ質量の岩石でも、平面上に立方体の岩が置かれている場合と、今にも動き出しそうな丸い岩が高い崖《がけ》の上にきわどく載っているのとでは、どちらがエネルギーを持っていると言えるでしょうか。もちろん後者です。将軍は、軍隊にこのような位置エネルギーを持たせるよう、士卒を巧みに誘導しなければなりません。

▼勢篇の教訓

個人の奮闘も集団の勢いにはかなわない。

◆コラム5 奇兵と正兵

唐の将軍李靖《りせい》の兵法をまとめたとされる『李衛公問対《りえいこうもんたい》』は、唐の太宗《たいそう》と李靖の問答によって構成されています。上中下の三巻からなりますが、その上巻の大半は、「奇」と「正」の問題が取り上げられています。もちろん、「奇正」は、奇兵と正兵を表す軍事用語で、『李衛公問対』に初めて取り上げられたわけではありません。また、奇正の柔軟な展開についても、すでに『孫子』に説かれていました。しかし、太宗と李靖は、奇正の問題を執拗《しつよう》なまでに集中的に議論していま す。かれらはなぜ奇正の問題を重視したのでしょうか。

その手がかりの一つとしてあげられるのは、唐の異民族対策です。『李衛公問対」には、「蕃兵」ということばが登場します。これは、唐王朝が重用した突厥、契丹などの異民族の将兵を指します。これらの蕃兵を軍力として組み込んだ唐王朝では、軍隊の運用が複雑になりました。

そこで太宗は、「蕃兵を奇兵、漢兵を正兵と考えて良いか」と質問したのです。これに対して李靖は、こう答えます。「蕃兵が騎馬を得意とし、漢兵が弩《ど》の射撃を得意としている、というようにそれぞれすぐれた点があります。しかし、それをただちに「奇」「正」に割り当てるわけにはいきません。両者はともに「奇」「正」どちらにも変化できます」と。

『李衛公問対』では、唐に脅威を与える異民族をどのように排撃するかという問題だけではなく、これら蕃兵をどのように唐の軍事力に編入するかという問題が重視されました。そして、こうした混成部隊では、「蕃人」と「漢人」をそれぞれ「奇兵」「正兵」に割り当てるという手法は、民族問題という観点からも決して好ましくはありません。また、純粋に戦術的観点から見ても、それは、硬直した考え方と言えるでしょう。李靖は、騎兵や弩兵をあらかじめ「奇兵」「正兵」として固定するよりは、それらを巧みに組み合わせ、自在に応用していった方が、はるかに有効だと考えたのです。
　太宗と李靖の問答の背景には、こうした異民族問題があったと考えられます。これは、世界帝国となった唐王朝が新たにかかえた課題であって、『孫子』にはまだ見られない視点でした。

六　虚実篇

　軍隊の空虚と充実について説く篇です。敵の充実したところ（実）を避け、手薄なところ（虚）を撃てと主張しています。また、こちらの虚をさらさないように、姿なき軍隊（無形）、声なき軍隊（無声）であることの重要性を強調しています。

一
孫子《そんし》曰《いわ》く、凡《およ》そ先《さき》に戦地《せんち》に処《お》りて敵《てき》を待《ま》つ者《もの》

孫子曰、凡先処二戦地一而待レ

は佚《いっ》し、後《おく》れて戦地《せんち》に処《お》りて戦《たたか》いに趨《おもむ》く者《もの》は労《ろう》す。故《ゆえ》に善《よ》く戦《たたか》う者《もの》は、人《ひと》を致《いた》して人《ひと》に致《いた》されず。

敵者佚、後処ニ戦地一而趨レ戦者労。故善戦者、致レ人而不レ致ニ於人一。

孫子は言う。およそ戦場に先に到着して布陣し、余裕を持って敵の襲来を待つ軍隊は楽であるが、逆に、遅れて戦場に到着し、あわてて戦闘に突入するような軍隊は疲れる。だから、巧みに戦う者は、こちらが敵を思うままに操るのであって、敵に主導権を奪われるようなことはない。

「虚」「実」は、軍事用語です。「虚」は空虚の意。兵力が分散し、隙《すき》のある状態を言います。「実」は充実の意。兵力に充分な備えがあり、隙のない状態を言います。「実」である我が軍が「虚」である敵を撃つ。これが理想です。先の勢篇では、「碬《たん》を以て卵《らん》に投ずるが如《ごと》き者は、虚実是《きょじつこ》れなり」（七八頁参照）と説かれていました。

この一節は、戦場に早く到着し、余裕を持って戦いに臨む状態を「実」と考えているのでしょう。何事も、機先を制し、こちらが主導権を握る。これが肝要です。

其《そ》の必《かなら》ず趨《おもむ》く所《ところ》に出《い》で、其《そ》の意《おも》わざる所《ところ》に趨《おもむ》く。千里《せんり》を行《ゆ》きて労《つか》れざる者《もの》は、無人《むじん》の地《ち》を行《ゆ》けばなり。攻《せ》めて必《かなら》ず取《と》る者《もの》は、其《そ》の守《まも》らざる所《ところ》を攻《せ》むればなり。守《まも》りて必《かなら》ず固《こ》なる者《もの》は、其《そ》の攻《せ》めざる所《ところ》を守《まも》ればなり。故《ゆえ》に善《よ》く攻《せ》むる者《もの》には、敵其《てきそ》の守《まも》る所《ところ》を知《し》らず、善《よ》く守《まも》る者《もの》には、敵其《てきそ》の攻《せ》むる所《ところ》を知《し》らず。微《び》なるかな微《び》なるかな、無形《むけい》に至《いた》る。神《しん》なるかな神《しん》なるかな、無声《むせい》に至《いた》る。故《ゆえ》に能《よ》く敵《てき》の司命《しめい》を為《な》す。

出㆔其所㆓必趨㆒、趨㆓其所㆑不㆑意。行㆓千里㆒而不㆑労者、行㆓於無人之地㆒也。攻而必取者、攻㆓其所㆑不㆑守也。守而必固者、守㆓其所㆑不㆑攻也。故善攻者、敵不㆑知㆓其所㆑守、善守者、敵不㆑知㆓其所㆑攻。微乎微乎、至㆓于無形㆒。神乎神乎、至㆓于無声㆒。故能為㆓敵之司命㆒。

敵が必ず進出してくる地点に迎撃態勢を敷いて待ちかまえ、敵の思いもよらないところに進出する。千里の行程を進軍して疲れないのは、事前の索敵行動によって、敵に遭遇することなく、やすやすと無人の地を進めるからである。攻撃して必ず勝利を得ることができるのは、敵の守りの薄いところを攻めるからである。守備が必ず堅固であるのは、敵の攻撃できないところを守るからである。巧みに攻撃する軍には、敵もそれに対応した守備隊形を取ることができず、うまく守備する軍には、敵も打つ手がない。なんと微妙であることよ、形なき軍隊は。なんと神妙であることよ、声なき軍隊は。だからこそ、敵の死命を制することができるのである。

神出鬼没の軍隊は、相手からは姿なき敵として恐れられます。「無形」「無声」こそ、『孫子』の理想とする軍隊のあり方です。

なお、ここで、「神《しん》」という語が見えます。また、本篇の後節でも、「能《よ》く敵《てき》に因《よ》りて変化《へんか》して勝《か》ちを取《と》る者《もの》、之《これ》を神《しん》と謂《い》う」（九四頁参照）とあります。これらは、一見、軍事における神秘的要素を主張したもののようにも考えられます。しかし、これは、自軍の実態をあらわさず敵の死命を制するという「無形」「無声」の軍隊や、柔軟な思考と的確な判断力とによって自在に変化できる軍隊を賞賛するための表現でしょう。決して、勝敗の帰趨《きすう》を神秘的要素に求めようとするものではありません。

ここで「神」という表現が使われるのは、こうした至上の軍隊の行動が、敵側にとってはとても人智の枠内のこととは思えないからです。敵は、その敗北を、天命とか、偶然とか、神秘などとして納得せざるを得ないのです。

故《ゆえ》に人《ひと》を形《かたち》せしめて我《われ》に形無《かたちな》ければ、則《すなわ》ち我《われ》専《あつ》まりて敵分《てきわ》かる。我専《われあつ》まりて一《いち》と為《な》り、敵《てき》分《わ》かれて十《じゅう》と為《な》らば、是《こ》れ十《じゅう》を以《もつ》て其《そ》の一《いち》を攻《せ》むるなり。

故形レ人而我無レ形、則我専而敵分。我専為レ一、敵分為レ十、是以レ十攻ニ其一一也。

敵の実態を露わにさせ、自軍の形を秘匿《ひとく》する。このような状態であれば、こちらは力を集中させることができ、敵はこちらの姿を求めて兵力の分散を余儀なくされる。こちらは兵力を専一にしたままで、敵の兵力が十隊に分散したとすれば、こちらは十の力で、十分の一となった敵兵力を各個《かっこ》撃破《げきは》することができる。

兵力の集中が肝要で、兵力の分散は最も危険な用兵術です。兵力を集中させ、一体となった力を発揮するには、巧みな変化によって自軍の実態を隠し、形を露呈した敵に勝つのです。陣形を露わにしたまま兵力を分散させ、姿なき敵を追い求めるというのは、最も無防備な戦いです。

故《ゆえ》に兵《へい》を形《あらわ》すの極《きょく》は無形《むけい》に至《いた》る。無形《むけい》なれば則《すなわ》ち深間《しんかん》も窺《うかが》う能《あた》わず、智者《ちしゃ》も謀《はか》る能《あた》わず。

故形レ兵之極至二于無形一。無形則深間不レ能レ窺、智者不レ能レ謀。

そこで、軍隊が外形を現す極致は無形になることである。実形がなければ深く

入り込んだ間者《かんじゃ》（スパイ）も実情をうかがうことはできず、知謀ある者も策謀をめぐらすことができない。

両軍が、平原に戦車を並べて布陣し、開戦の号令とともに戦闘に突入する。これは、中国でも一時代前の中原《ちゅうげん》における戦闘の方法でした。『孫子』が前提とする戦争とは、こうした堂々の会戦ではありません。軍隊の実情をふせておき、機動力を生かして、敵の虚を撃つという戦いです。それゆえ、軍隊がその形を敵にさらすのは下策とされます。実情が知られてしまえば、敵の軍師は対応策を講じ、さまざまな策略をめぐらしてくるでしょう。そうならないためには、「無形」の軍隊であることが望ましいのです。たとえば、次の節に見えるような「水」を理想とした柔軟な変化が、軍の「無形」を保持するのです。

夫《そ》れ兵《へい》の形《かたち》は水《みず》に象《かたど》る。水《みず》の行《ゆ》くは、高《たか》きを避《さ》けて下《した》に趨《おもむ》く。兵《へい》の形《かたち》は、実《じつ》を避《さ》けて虚《きょ》を

夫兵形象㆑水。水之行、避㆑高而趨㆑下。兵之形、避㆑実而撃㆑

撃《う》つ。水《みず》は地《ち》に因《よ》りて流《なが》れを制《せい》し、兵《へい》は敵《てき》に因《よ》りて勝《か》ちを制《せい》す。故《ゆえ》に兵《へい》に常勢《じょうせい》無《な》く、水《みず》に常形《じょうけい》無《な》し。能《よ》く敵《てき》に因《よ》りて変化《へんか》して勝《か》ちを取《と》る者《もの》、之《これ》を神《しん》と謂《い》う。

虚。水因レ地而制レ流、兵因レ敵而制レ勝。故兵無二常勢一、水無二常形一。能因レ敵変化而取レ勝者、謂二之神一。

そもそも軍隊の形は水の姿を理想とする。水の流れというものは、高い所を避けて低い所へと向かっていく。軍隊も、敵の「実」（充実した陣）を避け、「虚」（手薄な陣）を撃つべきである。水は地形に即して流れを決め、軍隊は敵の実情に応じて勝ちを制するのである。だから軍隊には不動の形勢というものはなく、水にも常なる形はない。すべては敵の変化に自在に対応して勝利を収めるのである。こうした巧みな変化は、凡人の目には「神」わざとして映ることとなる。

軍隊の柔軟な変化を、『孫子』は「水」にたとえます。水は、丘を避け岩を避け、無理をせず、地形の変化に沿いながら流れていきます。水のように巧妙に変化する軍隊は、姿なき兵として敵に恐れられることになるでしょう。

なお、『老子《ろうし》』も、理想の姿を「水」にたとえます。

「上善《じょうぜん》は水の若《ごと》し。水は善《よ》く万物《ばんぶつ》を利して而《しか》も争《あらそ》わず。衆人《しゅうじん》の悪《にく》む所に処《お》る。故に道《みち》に幾《ちか》し（最上の善は、水のようだ。水は万物に利益を与えるばかりで万物と争うことはな

老子（『列仙全伝』）

い。みなが忌《い》み嫌《きら》う低い所にいる。これこそ理想のあり方に近い)」(第八章)とか、「天下、水より柔弱《じゅうじゃく》なるは莫《な》し。而《しか》も堅強《けんきょう》なる者を攻《せ》むるに、之《これ》に能《よ》く勝つこと莫《な》し(天下の万物で、水よりも柔弱なものはない。ところが、堅くて強いものが水に挑んでも、勝つことはできない)」(第七十八章)というのがそれです。

『老子』は理想的な世界のあり方を、「柔弱《じゅうじゃく》」「水」「赤子《せきし》」(赤ん坊)「嬰児《えいじ》」(幼児)などの比喩《ひゆ》によって解説します。人間や草木の死生について、「柔弱」が生の徒《ともがら》、「堅強」が死の徒であって、一見弱々しいものが実は「堅強」なものに勝つと、逆説的に述べています。いわゆる「柔よく剛を制す」るのです。同様に、「水」も、一見弱々しく、何の取り柄《え》もないようで、実は、その変化のあり方は、最高の「善」だと評価するのです。

▼虚実篇の教訓

常に変化して実情をさらすな。

◆コラム6　姿なき軍隊

　前漢の淮南王劉安《わいなんおうりゅうあん》（前一七九〜前一二二年）が千人もの思想家を擁して編纂《へんさん》したとされる『淮南子《えなんじ》』という文献には、「兵」について論じた「兵略訓《へいりゃくくん》」という篇があります。これは、漢代初期の軍事思想の動向をうかがうための重要な資料となっています。

　この『淮南子』の思想の中心は、道家《どうか》思想であると言われます。道家は「無為《むい》自然《しぜん》」を説きました。世界のあるがままにゆだねて、ことさらな作為をほどこさないというのが道家の理想です。一方、戦争は「人為」の極致と言えましょう。この二つは相反するように見えます。それでは、この道家の思想と兵学とはどのように結びつくのでしょうか。

『淮南子』兵略訓は、次のように説きます。

「道《みち》に貴《たっと》ぶ所の者は、其《そ》の無形《むけい》を貴ぶなり。無形なれば則ち制迫《せいはく》すべからず、度《ど》量《りょう》すべからず、巧詐《こうさ》すべからず、規慮《きりょ》すべからざるなり」。

　道家思想の理想である「道」を尊ぶ者は、「無形（形がないこと）」を理想とする。軍隊が形をあらわさなければ、敵に迫られることはなく、実態を計られる恐れもなく、計謀を仕掛けられることもなく、変化を予測されることもない、というのです。

ここでは、道家思想の理想である「道」と軍事における「無形」とが結びついています。『孫子』でも、軍隊の姿を察知されないようにと説かれていました。『淮南子』はさらに、姿なき軍隊が道家の「道」の性格の一つであるとして、その理論化をはかっているのです。漢代における兵学の展開を示す一例として注目されます。

七　軍争篇

機先を制して有利な態勢をとるための争いについて説く篇です。この争いを制するための柔軟な変化が重視されています。

孫子《そんし》曰《いわ》く、凡《およ》そ用兵《ようへい》の法《ほう》は、将《しょう》、命《めい》を君《きみ》より受《う》け、軍《ぐん》を合《がっ》し衆《しゅう》を聚《あつ》め、和《か》を交《まじ》えて舎《とど》まるに、軍争《ぐんそう》より難《かた》きは莫《な》し。軍争《ぐんそう》の難《かた》きは、迂《う》を以《もっ》て直《ちょく》と為《な》し、患《かん》を以《もっ》て利《り》と為《な》す。故《ゆえ》に其《そ》の途《みち》を迂《う》にして、之《これ》を誘《さそ》うに利《り》を以《もっ》てし、人《ひと》に後《おく》れて発《はっ》し、人《ひと》に先《さき》んじて至《いた》る。此《こ》れ迂直《うちょく》の計《けい》を知《し》る者《もの》なり。

孫子曰、凡用兵之法、将、受ニ命於君一、合レ軍聚レ衆、交レ和而舎、莫レ難ニ於軍争一。軍争之難者、以レ迂為レ直、以レ患為レ利。故迂ニ其途一、而誘レ之以レ利、後レ人発、先レ人至。此知ニ迂直之計一者也。

孫子は言う。およそ軍隊を運用する原則は、将軍が君主から命令を受け、軍隊を集合させ、士卒を徴集し、両軍が戦場で対陣し宿営するまでの間に、「軍争」（両軍が機先を制するために争うこと）より難しいことはない。軍争が難しいのは、回り道を直線道に変え、憂いを利益に転ずるような芸当をしなければならないからである。だから、進撃ルートをわざと遠回りにしているかのように敵に見せかけ、利益で敵を誘い出し、敵より遅く出発したにもかかわらず、敵よりも早く戦場に到着する。これが「迂直の計」（遠回りの道を近道に変えるような計略）を知るということである。

この軍争篇は、直前の虚実篇と関連づけて解釈される場合があります。まず、敵味方の虚実を明らかにする。これは、開戦前の情報分析で、ある程度は可能となります。その上で、戦場にいち早く到着し、敵の機先を制する。この争いが「軍争」です。だから虚実篇の次に軍争篇が置かれているという理解です。

故《ゆえ》に諸侯《しょこう》の謀《はかりごと》を知《し》らざる者《もの》は、予《あらかじ》め交《まじわ》ること能《あた》わず、山林険阻《さんりんけんそ》沮《そ》沢《たく》の形《かたち》を知《し》らざる者《もの》は、軍《ぐん》を行《や》ること能《あた》わず、郷導《きょうどう》を用《もち》いざる者《もの》は、地《ち》の利《り》を得《う》ること能《あた》わず。

故不レ知二諸侯之謀一者、不レ能二予交一。不レ知二山林険阻沮沢之形一者、不レ能レ行レ軍。不レ用二郷導一者、不レ能レ得二地利一。

諸侯たちの計謀が分からないのでは、安易に同盟を結ぶことはできない。山林や険阻な地形、沼沢地《しょうたくち》などの地理的情報が分からないうちは、進撃してはならない。その土地のことに精通した案内役「郷導《きょうどう》」を使えないのでは、その地の利を得ることはできない。

情報にも、いくつかの種類があります。諸侯間の外交情報、山や川などの地形の情報、そして進撃予定地点の各種情報などです。

諸侯たちが心の内で何を考えているのかを充分に把握できなければ、安易に同盟を結ぶことはできません。戦争は、一国対一国の図式になるとは限らないからです。複数の国が同盟関係を結んだ上での広域戦争となる場合もあります。また、直接的には二国間の争いのようであって、実は、背後に複数の国の利権や思惑が複雑にからんでいる場合もあるでしょう。だから直接の敵対国だけではなく、周辺の関係諸国についても、その腹の内を充分に探っておかなければならないのです。

また、山林や険阻な土地、沼沢地など、進軍にとって重要な地形の情報をつかまないうちは、決して進撃してはなりません。戦争は、平坦な草原の上で行われるとは限らないからです。ときには峻険《しゅんけん》な山河を越える行軍もあるでしょう。謀攻によって敵の不意を衝《つ》く作戦の場合は、むしろそうした地形をいかに有効に活用するかが重要となります。

そして、その土地のことに精通した案内役「郷導」がいなければ、その地の利を得ることはできません。地の利とは、単に外から見た地形上の利点のみではないのです。地図には現れてこない微細な地形の情報、ことば、特産、人情、習慣など、その土地の者にしか分からないさまざまな情報が地の利となるのです。

故《ゆえ》に兵《へい》は詐《さ》を以《もっ》て立《た》ち、利《り》を以《もっ》て動《うご》き、分合《ぶんごう》を以《もっ》て変《へん》と為《な》す者《もの》なり。故《ゆえ》に其《そ》の疾《はや》きこと風《かぜ》の如《ごと》く、其《そ》の徐《しずか》なること林《はやし》の如《ごと》く、侵掠《しんりゃく》すること火《ひ》の如《ごと》く、動《うご》かざること山《やま》の如《ごと》く、知《し》り難《がた》きことは陰《かげ》の如《ごと》く、動《うご》くことは雷震《らいしん》の如《ごと》くして、郷《きょう》を掠《かす》むるに衆《しゅう》を分《わ》かち、地《ち》を廓《ひろ》むる

故兵以レ詐立、以レ利動、以ニ分合一為レ変者也。故其疾如レ風、其徐如レ林、侵掠如レ火、不レ動如レ山、難レ知如レ陰、動如ニ雷震一、掠レ郷分レ衆、廓レ地分レ利、懸レ権而動。

に利《り》を分《わ》かち、権《けん》を懸《か》けて動《うご》く。

戦争は、奇計によって敵を欺《あざむ》くことを根本とし、利に合致するかどうかを判断基準として行動し、分散と集合の配合によって巧みに変化していくものである。そこで、風のように迅速に行動し、林のように声を潜《ひそ》めて姿を隠し、燃えさかる火のように侵略し、山のようにどっしりと動かず、陰のように実態をわかりにくくし、雷の震《ふる》うように激動して、村里から掠奪《りゃくだつ》するときには兵卒を分散して効率よく収奪し、土地を奪って拡大するときには利益となる要衝《ようしょう》の地に兵を分けて駐屯させ、「権」(臨機応変)の対応によって行動する。

『孫子』はこのように、戦争の基本的性格が「詐」(いつわり)であり、また「利」(利益)が行軍の基準であることを重ねて説きます。また、軍隊の運用を「分」と「合」にあるとします。「分」は部隊を複数に分けて展開させ、それぞれ別ルートを進行させること。敵を挟み撃ちする場合などに有効です。「合」は兵力を分散させず一点に集中させること。敵の主力を一気に突きくずす場合などに有効です。
ただ、さらに重要なのは、これらを巧みに組み合わせ、戦況に応じて柔軟に変化していくことです。だから、これを体得した軍隊の動きは俊敏となり、ダイナミックにその姿を変えていきます。これらは、本篇の主題である「軍争」の要点にほかなりません。

人既《ひとすで》に専一《せんいつ》なれば、則《すなわ》ち勇者《ゆうしゃ》も独《ひと》り進《すす》むを得《え》ず、怯者《きょうしゃ》も独《ひと》り退《しりぞ》くを得《え》ず。此《こ》れ衆《しゅう》を用《もち》いるの法《ほう》なり。

人既専一、則勇者不レ得ニ独進一、怯者不レ得ニ独退一。此用レ衆之法也。

統制がとれた軍隊は常に一体となった動きを示す。勇気ある者もひとり前進することはなく、卑怯者《ひきょうもの》もひとり退却することはない。集団を専一にして運用すること、これが用兵の秘訣《ひけつ》である。

気をつけなければならないのは、統制を乱すような動きです。勇気があるのはよいとしても、気がはやってスタンドプレーに走っては、作戦が台無しです。勇気がなくて戦線を離脱したり、敵前逃亡したりするのは、言うまでもありません。統制がとれた組織は、このような身勝手な動きを許さないのです。

故《ゆえ》に三軍《さんぐん》には気《き》を奪《うば》うべし。将軍《しょうぐん》には心《こころ》を奪《うば》うべし。是《こ》の故《ゆえ》に朝《あさ》の気《き》は鋭《するど》く、昼《ひる》の気《き》は惰《おこた》り、暮《くれ》の気《き》は帰《き》す。善《よ》く兵《へい》を用《もち》いる者《もの》は、其《そ》の鋭気《えいき》を避《さ》けて、其《そ》の惰帰《だき》を撃《う》つ。此《こ》れ気《き》を治《おさ》むる者《もの》なり。

故三軍可レ奪レ気。将軍可レ奪レ心。是故朝気鋭、昼気惰、暮気帰。善用レ兵者、避二其鋭気一、撃二其惰帰一。此治レ気者也。

敵軍の気も奪うことができ、敵将の心も取ることができる。どのような時が有効か。朝の気は充実していて鋭いが、昼ごろにはゆるみ、暮れにはしぼんでいく。だから、戦《いくさ》上手のものは、敵の気力が鋭い時を避け、ゆるんだりしぼんだりした時を撃つのである。これが気を制御して敵に勝つ方法である。

『孫子』は、「気」の思想を兵学に導入しました。古代中国で、もともと「気」とは、立ちのぼる蒸気、または口から発せられる呼気を意味します。そして、この気は人間の内と外とを貫通し、世界の物質を構成し、宇宙のさまざまな現象をもたらす根本物質であると考えられました。『孫子』はこの「気」に注目し、軍隊と気との関係を右のように説くのです。同じ組織が同じ軍備で、同じ敵と戦っても、ときとして勝敗が異なるのはなぜか。そこにはさまざまな要因が考えられますが、その一つとして気力の問題があるでしょう。こちらの気力を充実させ、気のゆるんだ敵を撃つ。気の制御は勝敗を左右する有力な手だてなのです。

故《ゆえ》に用兵《ようへい》の法《ほう》は、高陵《こうりょう》には向《む》かうこと勿《な》かれ、背丘《はいきゆう》には逆《むか》うること勿《な》かれ、絶地《ぜっち》には留《とど》まること勿《な》かれ、佯北《ようほく》には従《したが》うこと勿《な》かれ、鋭卒《えいそつ》には攻《せ》むること勿《な》かれ、餌兵《じへい》には食《く》らうこと勿《な》かれ、帰師《きし》には遏《とど》むること勿《な》かれ、囲師《いし》に

故用兵之法、高陵勿レ向、背丘勿レ逆、絶地勿レ留、佯北勿レ従、鋭卒勿レ攻、餌兵勿レ食、帰師勿レ遏、囲師必闕、窮寇勿レ迫。此用兵之法也。

は必《かなら》ず闕《ひら》き、窮寇《きゅうこう》には迫《せま》ること勿《な》かれ。此《こ》れ用兵《ようへい》の法《ほう》なり。

軍隊を運用する際には、高い丘の上に布陣している敵軍に向かって攻撃してはならない。丘を背にして攻撃してくる敵軍を迎え撃ってはならない。峻険《しゅんけん》な地形に布陣している敵に長く対峙《たいじ》してはならない。偽りの退却につられて深追いしてはならない。鋭い気勢を持つ軍隊に攻めかかってはならない。こちらを誘い出すための餌となるような軍隊にくらいついてはならない。敗北の決断をして帰国する軍隊をとどめてはならない。四方を包囲した敵には必ず一箇所退路をあけておき、どうにも進退が窮まった敵をぎりぎりまで追いつめてはならない。これが、軍隊運用の法則である。

この一節については、古来さまざまな説があります。本来は、この軍争篇の末尾ではなく、次の九変篇の冒頭にあったとするのが、一つの有力な説です。しかし、銀雀山漢《ぎんじやくざん》墓から出土した竹簡本『孫子』でも、この一節はやはり軍争篇の末尾にありました。軍争篇の一節として理解するのが正しいのでしょう。

冒頭の二句は地勢について説いています。地勢は軍隊に大きな影響を与えます。同一平面上での戦いでは互角でも、一方が高地に布陣すれば、その軍は、その分だけの位置エネルギーを得て、戦いを有利に進めることができます。矢を射るのも、石を投げるのも、兵の突撃も、すべて高地からの方が有利です。だから高地の敵に向かって攻め上がるのは、それだけですでに不利なのです。また、丘を背にして攻撃してくる敵も、同じです。たとえ敵を押し返したとしても、敵は丘の上にかけのぼり、位置エネルギーを得て体勢を立て直すことができるからです。

また、四句目の「佯北《ようほく》には従《したが》うこと勿《な》かれ」も、戦争の特質をするどくついていると言えましょう。「詭道《きどう》」が兵家の常道であれば、敵方も奇策を繰り出してくるはずだと考えてみなければなりません。だから敵の退却には安易な深追いは禁物です。特に、両軍対峙《たいじ》した中での突然の反転や中途半端な敗走、狭い谷間など険阻《けんそ》な地への退却には注意が必要です。それらは、自軍を誘い出すための偽りの退却「佯北」かもしれません。また、そうした危険な地には必ず敵の伏兵が展開しているはずです。

孫臏《そんぴん》の「佯北」を見抜けなかった魏の龐涓《ほうけん》軍が、馬陵《ばりょう》の狭い谷間の道にさしかかったとき、斉の伏兵による一斉射撃によって壊滅したのは、その典型的な戦例です（コラム1参照）。

▼軍争篇の教訓

一体となった動きで機先を制する。

◆コラム7　風林火山と日本の武士道

「其《そ》の疾《はや》きこと風の如《ごと》く、其の徐《しずか》なること林の如く、侵掠《しんりゃく》すること火の如く、動かざること山の如し」。

甲州武田軍の旗頭には、『孫子』軍争篇の一節が記されました。戦国時代の武将たちに『孫子』が読まれていたことが分かります。武田の軍師山本勘助《やまもとかんすけ》の奇策によって、武田軍は数々の勝利を収めたと伝えられています。

では、日本の戦国時代から近現代に至る軍事史は、『孫子』の兵法で語りつくせるのでしょうか。実は、日本には、「武士道」の伝統があり、必ずしも『孫子』流の謀攻《ぼうこう》・詭道《きどう》の考え方が浸透していたわけではありません。

「風林火山」旗（山梨県立博物館蔵）

盛岡出身の政治家新渡戸《にとべ》稲造《いなぞう》（一八六二〜一九三三）は、明治三十二年（一八九九）、『Bushido the Soul of Japan』（『武士道　日本の魂』）を米国フィラデルフィアで英文出版します。『武士道』は、副題に「日本の魂」とあります。「義」「勇」「仁」「礼」「誠」などが、単に武士階級の道徳にとどまるのではなく、日本人の精神形成に大きな役割を果たしてきたと説くのです。「太平洋の架《か》け橋たらん」ことを願った新渡戸は、すでに実態としては存在しない旧武士の姿から、その精神性を抽出し、それを美しき日本の心として世界に示したのです。

この『武士道』が象徴するように、日本の兵学は、個人の心を大切にします。『孫子』の兵法が、個人の武勇にではなく集団としてのエネルギーを重視するのとは対照的です。『孫子』流の詭道や謀攻は、だましうちという意味合いが強く、正義を重視する日本の武士道には受け入れられなかったのです。もっとも、戦国時代の合戦や、近現代の日本の戦争にも、詭道の要素はありますが、それはあくまで例外的な成功例であって、理想とされたのは、やはり正々堂々の会戦です。

武士道の伝統は、一種の美学に支えられています。しかし、この美学は、ときに極度な精神主義へと傾きます。計謀を軽視し、軍資、食糧、兵站《へいたん》の不足を気力で補おうとする精神主義は、しばしば悲惨な敗北をもたらしました。

八　九変篇

戦闘の局面に応じた柔軟な変化の重要性について説く篇です。一つの現象に対して、常に総合的な判断を下すこと、そして、柔軟な態度をとることを強調しています。

塗《みち》に由《よ》らざる所有《ところあ》り、軍《ぐん》に撃《う》たざる所有《ところあ》り、城《しろ》に攻《せ》めざる所有《ところあ》り、地《ち》に争《あらそ》わざる所有《ところあ》り、君命《くんめい》に受《う》けざる所有《ところあ》り。

塗有レ所レ不レ由、軍有レ所レ不レ撃、城有レ所レ不レ攻、地有レ所レ不レ争、君命有レ所レ不レ受。

通ってはならない道もある。攻撃してはならない敵もある。城攻めを仕掛けてはならない城邑《じょうゆう》もある。利を争ってはならない土地もある。受けてはならない主君の命令もある。

「道」「軍」「城」「地」「君命」について、硬直した対応を取ってはならないと説いています。「道」の中でも、狭く険しい道は、敵の待ち伏せ攻撃があるかもしれません。敵「軍」の中でも、鋭い気力に満ちた軍や、死にものぐるいとなっている軍などには、手痛い反撃を受けるかもしれません。「城」の中でも、堅固《けんご》で兵糧《ひょうろう》の充実した城は、長期の籠城《ろうじょう》戦となり、こちらがかえって戦力を消耗してしまいます。「地」の中でも、大局にとって影響のない、またはこちらに利益をもたらさない土地は、かえってお荷物になるだけです。「君命」は絶対だとは言っても、時には現場の責任者（将軍）の判断が適切であって、主君の命令が逆に軍隊の不利益となることもあります。

ここで『孫子』が言うのは、柔軟な判断と行動でしょう。篇名の「九変」とは、九つの変化。「九」とは単に九つという意味ではなく、極まりのないという意味です。固定観念にとらわれず、そのつど臨機応変の措置がとれるかどうか。柔らかい思考力が求められています。

是《こ》の故《ゆえ》に智者《ちしゃ》の慮《りょ》は、必《かなら》ず利害《りがい》に雑《まじ》う。利《り》に雑《まじ》りて而《すなわ》ち務《つと》めは信《まこと》なるべきなり。害《がい》に雑《まじ》りて而《すなわ》ち患《うれ》いは解《と》くべきなり。

是故智者之慮、必雑二於利害一。雑二於利一而務可レ信也。雑二於害一而患可レ解也。

このようなわけで、知謀のはたらく者は、必ずものごとの利害両面についてあわせ考える。利益となるものごとについては同時に害についてもあわせ考えるので、その任務は実現可能となる。一方、害となるものごとについても同時にその

利についてあわせ考えるので、その憂いは解消するのである。

ものごとには必ず両面があることを知るべきでしょう。人は往々にしてものごとの一面しか見ません。利益になることがらについては一方的にその利だけを見て、その弊害について考えようとしません。これはあまりに楽観的な考えです。弊害になることがらについてはその害だけを見て、その利益については考えようとしません。これはあまりにも悲観的な考えです。ものごとには必ず両面があり、利害が背中合わせになっているのです。この理屈を知っていれば、利と見えることにも、その害に配慮することができ、また、害にしか見えないものについても、その利が見えてくるのです。総合的、大局的な判断力が必要です。

故《ゆえ》に将《しょう》に五危《ごきあ》有り。必死《ひっし》は殺《ころ》され、必生《ひっせい》は虜《とりこ》にせられ、忿速《ふんそく》は侮《あなど》られ、廉潔《れんけつ》は辱《はずかし》められ、愛民《あいみん》は煩《わずら》わさる。凡《およ》そ此《こ》の五者《ごしゃ》は、将《しょう》の過《あやま》ち

故将有二五危一。必死可レ殺也、必生可レ虜也、忿速可レ侮也、廉潔可レ辱也、愛民可レ煩也。

なり。用兵《ようへい》の災《わざわ》いなり。軍《ぐん》を覆《くつがえ》し将《しょう》を殺《ころ》すは、必《かなら》ず五危《ごき》を以《もっ》てす。察《さっ》せざるべからざるなり。

凡此五者、将之過也。用兵之災也。覆レ軍殺レ将、必以二五危一。不レ可レ不レ察也。

将軍には、五つのタブーがある。はじめから生きて帰らぬ覚悟の蛮勇は殺され、勝利よりも生きることに執着すれば虜となり、怒りに任せた拙速の行動は侮られ、度を過ぎた清廉潔白さは、それを逆手に取られて辱《はずかし》めを受け、民への慈《いつく》しみの気持ちが過ぎれば戦闘に専念できない。この五つは、将軍の犯してはならないタブーであり、用兵の際のわざわいとなる。軍隊を覆滅させ、将軍を死に追いやるのは、必ずこの五つのタブーによる。深く洞察しておかなければならない。

『孫子』は将軍の資質をさまざまに述べます。ここで言われるのは、将軍のバランス感覚でしょう。必死の覚悟も時には必要です。必ず生きて帰るという強い意志も大切です。迅速な行動も、廉潔さも、民への愛も、それぞれに将軍の持つべき資質の一つです。しかし、それらが度を超え、他の資質とのバランスを欠いてしまうと、それはそのまま将軍の最大の欠点となってしまいます。

怒りに任せ後先《あとさき》を考えずに突出する将軍は敵の思うつぼです。将軍をますます怒らせるような挑発行動を繰り返せばよいからです。高潔な将軍も敵の術策にはまってしまいます。泥の中をはいずり回ってもという気概に欠けるからです。他者への思いやりのある将軍も同じです。民の命を盾《たて》に取るような戦術をとれば、将軍はそのことに気持ちを奪われて、常に後ろ髪を引かれるような戦いとなるからです。資質は、バランスが肝心なのです。

▼九変篇の教訓

物事には必ず両面がある。一面的なものの見方は危険である。

◆コラム8　勝利と敗北の方程式

『孫子』の思想を継承した『孫臏兵法《そんぴんへいほう》』には、思索の深まりが認められます。勝敗の原因分析もその一つでしょう。『孫臏兵法』簒卒《さんそつ》篇には次のようにあります。

恒《つね》に勝つに五有り。主《しゅ》を得《え》て専制《せんせい》すれば勝つ。道《みち》を知れば勝つ。衆《しゅう》を得《う》れば勝つ。左右和《わ》すれば勝つ。敵を量《はか》り険《けん》を計《はか》れば勝つ。恒に勝たざるに五有り。将《しょう》を御《ぎょ》すれば勝たず。道を知らざれば勝たず。将に乖《たが》わば勝たず。間《かん》を用いざれば勝たず。衆を得ざれば勝たず。

常勝のポイントは五つ。君主の信任を得た将軍が全権をしっかり掌握していること、将軍が軍事に一貫する法則性を熟知していること、大衆の支持を得ていること、将軍の参謀が一致団結していること、敵の実情を探知し、険しい地形などの情報に通じていること。

逆に、敗れる要因は次の五つ。君主が軍隊の運用に介入し将軍をコントロールしようとすること、軍事に一貫する法則性を知らないこと、将軍の指令を守らないこと、間諜《かんちょう》を用いないこと、大衆の支持を得ないこと。

ここでは、多くの戦争に共通する「勝」「敗」の要因が五つずつ記されていま す。もっとも、『孫子』でも、すでに敗北の要因はさまざまな角度から説かれて いました。たとえば、右に記された敗因のうち、「(君主が)将を御《ぎょ》す」。これは、 孫武《そんぶ》の伝承や『孫子』のことばにも見られたとおりです。将軍に全権を委任した にもかかわらず君主が将軍の采配《さいはい》に介入すれば、将軍の権威は失墜《しっつい》し、指揮系統 の混乱を招きます。

ただ、この『孫臏兵法』では、戦争そのものを多角的に分析し、勝敗の法則と してまとめようとする意識が強いように思われます。この篇のほかにも、敗北の 原因を追究した「兵失《へいしつ》」篇、将軍の素質上の欠点を列挙した「将敗《しょうはい》」篇、将軍の 戦術を失敗させる状況を三十二項目掲げた「将失《しょうしつ》」篇などがあります。

これらは、確かに、戦国中期の時代状況を反映した思想の深まりを示している と言えるでしょう。戦争の大規模化がもたらす衝撃に加えて、戦争や軍事的思考 の蓄積などが、思索を後押ししたのでしょう。

九　行軍篇

軍隊を行動させる際の留意点について説く篇です。地形に配慮し、敵情を察知することの重要性が強調されています。

凡《およ》そ軍《ぐん》は高《たか》きを好《この》みて下《ひく》きを悪《にく》み、陽《よう》を貴《たっと》びて陰《いん》を賤《いや》しみ、生《せい》を養《やしな》いて実《じつ》に処《お》る。是《こ》れを必勝《ひっしょう》と謂《い》い、軍《ぐん》に百疾《ひゃくしつ》無《な》し。丘陵隄防《きゅうりょうていぼう》には、必《かなら》ず其《そ》の陽《よう》に処《お》り、而《しか》して之《これ》を右背《ゆうはい》にす。此《こ》れ兵《へい》の利《り》、地《ち》の助《じょ》なり。

凡軍好レ高而悪レ下、貴レ陽而賤レ陰、養レ生而処レ実。是謂二必勝一、軍無二百疾一。丘陵隄防、必処二其陽一、而右二背之一。此兵之利、地之助也。

およそ軍隊は、高地に布陣するのがよく、低地はよろしくない。日なたをよしとし、じめじめした湿地を避けるべきである。兵士の衛生状態に留意し、水や草や食糧や薪《たきぎ》などの燃料が補給できる場所に駐屯する。これを必勝の陣営といい、軍隊内にさまざまな病気は生じないのである。丘陵や堤防では、日当たりの良い東南側に陣取り、必ず丘陵や堤防が右後方となるように位置取りする。これが軍事上の利となり、地形を自軍の助けとする方法である。

軍隊の行動、特に布陣・駐屯の方法について説いています。兵卒を悪質な環境の中におけば、疾病が発生し、士気も低下します。実際の戦闘が開始される前、軍隊は「必勝」の形勢を確保しなければなりません。布陣と駐屯の方法は、その重要な第一歩です。なお、通行のテキストでは、「是謂必勝」と「軍無百疾」が入れ替わり、「軍に百疾無し。是れを必勝と謂う」となっています。ところが、銀雀山《ぎんじゃくざん》漢墓出土の竹簡本『孫子』では、右のような語順として理解されます。文の構造からして、やはり「是れを必勝と謂い、軍に百疾無し」の方が適切でしょう。

衆樹《しゅうじゅ》の動《うご》く者《もの》は、来《き》たるなり。衆草《しゅうそう》の障《おおい》多《おお》き　衆樹動者、来也。衆草多レ障者《もの》は、疑《ぎ》なり。鳥《とり》の起《た》つ者《もの》は、伏《ふく》なり。獣《けもの》の駭《おどろ》く者《もの》は、覆《ふう》なり。塵高《ちりたか》くして鋭《するど》き者《もの》は、車《くるま》の来《き》たるなり。卑《ひく》くして広《ひろ》き者《もの》は、徒《と》の来《き》たるなり。散《さん》じて条達《じょうたつ》する者《もの》は、樵採《しょうさい》なり。少《すく》なくして往来《おうらい》する者《もの》は、軍《ぐん》を営《いとな》むなり。

者、疑也。鳥起者、伏也。獣駭者、覆也。塵高而鋭者、車来也。卑而広者、徒来也。散而条達者、樵採也。少而往来者、営レ軍也。

多数の樹木がゆらめき動くのは、敵軍がひそかにその中を進撃しているのである。障害物のように草が伏せてあるのは、何らかの仕掛けがあるのではないかと疑わせ、こちらの進撃を遅らせようとしているのである。鳥がにわかに飛び立つのは、敵の伏兵がいるからである。獣が驚いて走り去るのは、敵軍の奇襲攻撃である。砂煙《すなけむり》が高く鋭くあがるのは、戦車部隊が疾走してくるからである。低く広く砂煙がたちこめるのは、歩兵部隊が迫っているからである。あちこちに砂埃《すなぼこり》が細く立ちのぼるのは、燃料となる薪《たきぎ》を採集しているのである。砂埃の量が少なく左右に往来しているのは、敵が軍営を張ろうとしているのである。

戦場でもたらされる敵の情報について述べています。情報は、あらかじめ開戦の前に収集し分析しておかなければなりません。しかし、作戦行動を起こした後に得られる情報も重要です。そこで常に斥候《せっこう》を派遣し、自軍の周囲と進撃予定路付近について入念な索敵《さくてき》を行う必要があります。そうして得られたわずかな情報をもとに、いかに迅速かつ的確に行動するかが軍の死生を分かつのです。前節において自軍の行軍（布陣と駐屯）について述べた『孫子』は、次にこの節で、敵の布陣と駐屯の様子を察知せよと説いているのです。

辞《じ》卑《ひく》くして備《そな》えを益《ま》す者《もの》は、進《すす》むなり。辞《じ》強《つよ》くして進駆《しんく》する者《もの》は、退《しりぞ》くなり。軽車《けいしゃ》の先《ま》ず出《い》でて其《そ》の側《かたわら》に居《お》る者《もの》は、陳《じん》するなり。約《やく》無《な》くして和《わ》を請《こ》う者《もの》は、謀《ぼう》なり。奔走《ほんそう》して兵《へい》を陳《つら》ぬる者《もの》は、期《き》するなり。半進半退《はんしんはんたい》する者《もの》は、誘《さそ》うなり。

辞卑而益レ備者、進也。辞強而進駆者、退也。軽車先出居ニ其側一者、陳也。無レ約而請レ和者、謀也。奔走而陳レ兵者、期也。半進半退者、誘也。

敵の使者がことばを低くして守備に専念しているように見せているのは、実は進撃の準備をしているのである。逆に、高圧的な口調でいかにも進撃しそうに見せているのは、実は退却の準備をしているのである。機動性の高い小型の戦車が疾走してきて敵軍の両側を警戒しているのは、陣立てをしているのである。切迫した状況にもないのに、にわかに和睦《わぼく》を求めてくるのは、こちらを油断させる陰謀である。あわただしく伝令が走り回り、兵士を整列させているのは、決戦を意図しているのである。敵軍が中途半端に進撃したり退却したりするのは、こちらを誘い出そうとしているのである。

「兵は詭道《きどう》」です。計謀によっていかに敵の目をごまかすかが大事です。とすれば、敵も我が軍に「詭道」を仕掛けているはずだと考えておく必要があるでしょう。「詭道」を重視しながら、自分だけは計略にかかるはずはないと思いこむのは、あまりにも楽観的です。だから、敵の布陣・駐屯の際の動きは、この「詭道」という点から、逆に重要な情報となります。

卒未《そついま》だ親附《しんぷ》せざるに而《しか》も之《これ》を罰《ばつ》すれば、則《すなわ》ち服《ふく》さず。服《ふく》さざれば則《すなわ》ち用《もち》い難《がた》きなり。卒已《そつすで》に親附《しんぷ》して而《しか》も罰行《ばつおこな》わざれば、則《すなわ》ち用《もち》いるべからざるなり。故《ゆえ》に之《これ》を合《がっ》するに文《ぶん》を以《もっ》てし、之《これ》を斉《ととの》うるに武《ぶ》を以《もっ》てす。是《こ》れを必取《ひっしゅ》と謂《い》う。

卒未㆓親附㆒而罰㆑之、則不㆑服。不㆑服則難㆑用也。卒已親附而罰不㆑行、則不㆑可㆑用也。故合㆑之以㆑文、斉㆑之以㆑武。是謂㆓必取㆒。

兵卒がまだ充分に親しみなついていないのに厳しく罰すれば、かれらは将軍に心服しなくなる。そもそも心服していない士卒で軍隊を組織しようとしても無理である。一方、士卒がすっかり親しみなついているのに、あいかわらず優しく接するばかりで厳罰を適用しない。これでは士卒は驕慢《きょうまん》になり、軍隊としては使い物にならない。だから最初は温情によって士卒の心をつかみ、やがて武威《ぶい》によって整えていく。これを、必ず勝ちを取る方法という。

『孫子』のこのことばは、本来の戦闘員ではない民衆を、どのようにしてまっとうな兵士に錬成するかを説くものです。ここで言われるのは、「文」「武」、あるいは「柔」「剛」の使い分け、バランスです。ひたすら厳格な軍令で脅すように統制しようとすれば、かれらは心を閉ざし、心からこの将軍についていこうとは思わないでしょう。将軍と士卒との間には、まず信頼関係が必要なのです。だからといって、甘やかすばかりでは、生死を分かつ戦場へかれらを連れていくことはできません。戦場は、おだやかな日常生活の延長ではないからです。

軍隊とは、戦闘による勝利を目的として構成された集団で、その最高指揮官が将軍です。指揮官と士卒との間には、まるで肉親であるかのような意思の疎通が必要です。他方なれ合いにならぬ厳正な刑罰の適用も必要となります。将軍の意思が瞬時に部隊の隅々にまでゆきわたるような軍隊は、兵士の数を越えた実力を秘めています。

▼行軍篇の教訓

かすかな情報の中に重大なヒントが隠されている。

◆コラム9　兵士の選抜

『孫子』は、兵団を一群の衆としてとらえ、個々の兵士の突出した動きに期待したりはしません。「故《ゆえ》に善《よ》く戦う者は、之《これ》を勢《せい》に求めて人に責《もと》めず」（勢篇）ということばがそれを象徴しています（八三頁参照）。

ところが、『呉子《ごし》』や『孫臏兵法《そんぴんへいほう》』には、これとは異なる思考、つまり、有能な士卒を選抜して、特別部隊を編成するという考え方がうかがえます。『呉子』については、コラム10で説明することにして、ここでは、『孫臏兵法』の「纂卒《さんそつ》」という考え方を紹介してみましょう。

『孫臏兵法』には、「賛師《さんし》（わざと隊列を乱して敵を油断させる）」、「譲威《じょうい》（部隊の最後尾を隠して撤退を容易にする）」、「錐行《すいこう》（錐《きり》のような鋭い布陣）」「雁行《がんこう》（雁《かり》の列のように展開した布陣）」「選卒力士《せんそつりきし》（選抜された有力兵士の部隊）」などといった、戦術に関する多くの用語が見えます。さらに、陣法について論じた「陳忌問塁《ちんきもんるい》」篇・「八陣」篇・「十陣」篇、攻城戦のための城の地形上の特色を論じた「雄牝城《ゆうひんじょう》」篇などもあります。

　このことは、孫臏のすぐれた軍事的知識や分析能力を示すとともに、戦国中期における戦争形態が多様化したことをも示しているでしょう。戦車に代わって歩兵・騎兵が主要兵科となったことから、軍隊の機動力は格段に向上し、新たな陣法・戦術が勝敗の帰趨《きすう》を握るようになったのです。

　そこで、『孫臏兵法』は、この多様な陣法・戦術に対応できるように、士卒集団の性格を大きく二つに分け

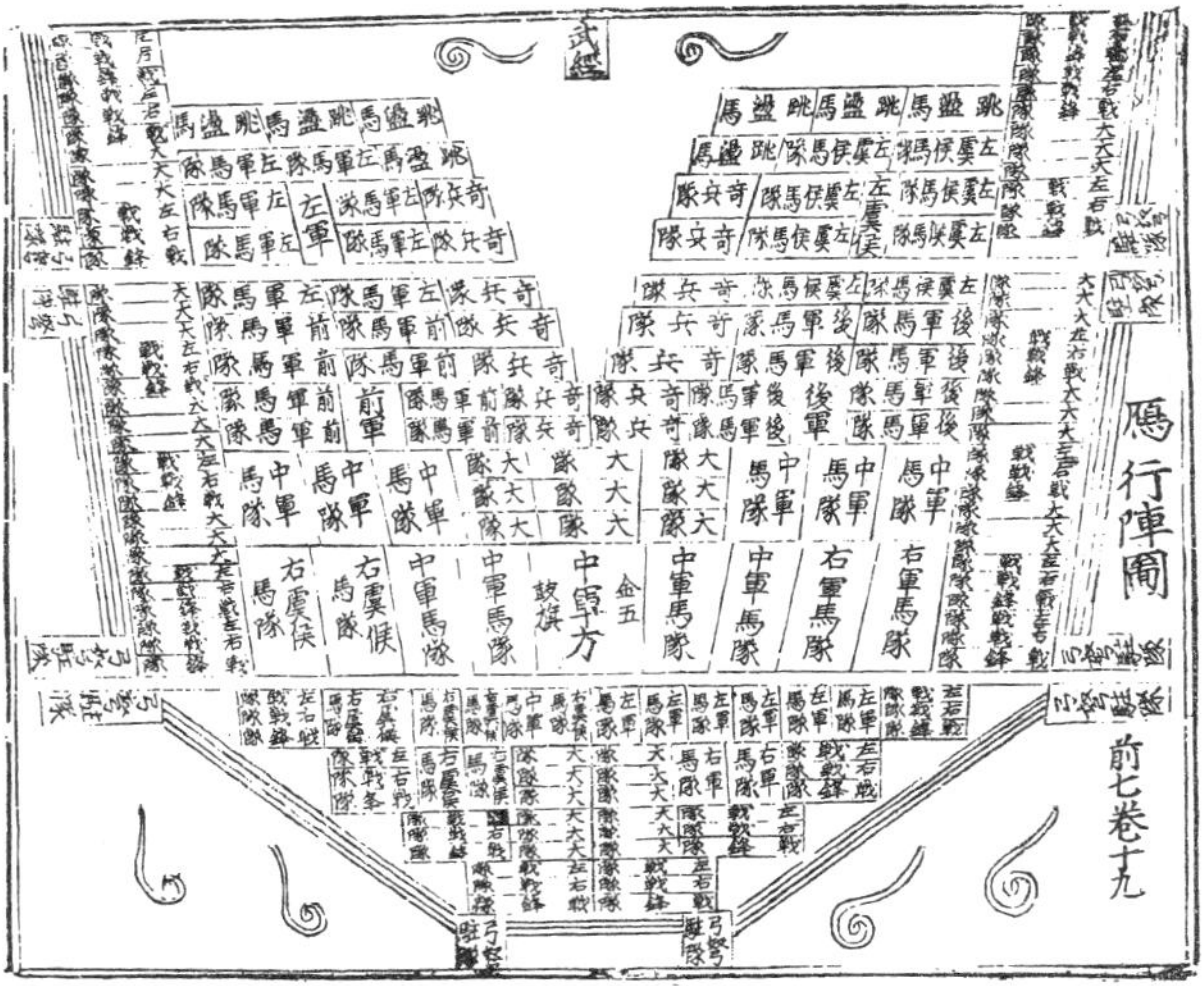

雁行の陣（『武経総要』）

て考えています。一つは敵陣を突破して敵将をとらえてくるような優秀な「篡卒《さんそつ》力士《りきし》」であり、もう一つは一般の兵士で構成された「衆卒《しゅうそつ》」です。孫臏はこの二つを区別した上で、すぐれた君主や将軍は、数が多いだけの「衆卒」を頼りにしたりはしないというのです。

では、この「篡卒力士」を奮闘させる原動力は何でしょうか。それは、死の恐怖をも忘れさせてしまうほどの手厚い恩賞だったようです。恩賞は「篡卒力士」の決死の奮戦を保証するために特に重視されたのです。『孫臏兵法』の「篡卒」は、多様化した戦争形態に対応するために組織された特別部隊でした。

十　地形篇

行軍の際に留意しなければならない地形について説く篇です。計篇の「五事」の三番目として重視されていた「地」を取り上げて論じています。

孫子《そんし》曰《いわ》く、地形《ちけい》には通《つう》ずる者有《ものあ》り、挂《さまた》ぐる者《もの》有《あ》り、支《わか》るる者有《ものあ》り、隘《せま》き者有《ものあ》り、険《けわ》しき者《もの》有《あ》り、遠《とお》き者有《ものあ》り。

孫子曰、地形有㆓通者㆒、有㆓挂者㆒、有㆓支者㆒、有㆓隘者㆒、有㆓険者㆒、有㆓遠者㆒。

孫子は言う。行軍の際に留意しなければならない地形としては、大きな直線道路や十字路のように遠方に向かって開けたものがあり、途中に行軍の渋滞をもたらすような障害の地があり、途中で道が分岐したものがあり、通行のさまたげとなる狭隘《きょうあい》なものがあり、行軍を困難とする険しいものがあり、敵と味方の陣がはるかに遠いものがある。

軍事作戦を発動するのに際して、最も重要な情報の一つは土地の情勢でしょう。開けている土地は、はるかに遠方を見通すことができます。いち早くその地に到着し、敵の状況を的確に把握しつつ、こちらは退路を断たれないようにすれば有利となります。障害のある地形では、行き着くのはたやすく退却は困難です。敵に充分な防備がなければ進撃し、そうでなければ、退却の困難さを考えて安易に進撃してはなりません。

複雑に分岐した土地では、敵・味方双方にとって進撃は困難です。敵の誘いに乗って、安易に進撃してはなりません。むしろ軍を後方に退《ひ》き、こちらが利益で敵を誘い出し、敵を撃つようにするのです。

両側に山が迫ったような狭い谷間の土地は、先にその場所に到着し、伏兵を充実させて敵の来襲を待ち伏せします。逆に、敵が先にその谷間に到着した形跡がある場合には、伏兵の可能性を考えて、安易に通過してはなりません。

山岳地帯のような険しい地形の場合は、いち早く、見通しのきく高い場所に到達し、敵を待ちます。逆の場合は、敵に、こちらの動きを容易に察知されてしまうので、その場所から退去することを考えます。

敵・味方の陣営がはるかに遠い場合には、形勢は互角。安易に長距離進攻作戦に打って出るのは不利となります。

これらの六つは、将軍として必ず把握しておかなければならない地形に関する常識です。宋の張預《ちょうよ》は、この地形篇の注釈として、常に五十里以内の地形を偵察《ていさつ》し、伏兵がいないかどうかを調べ、将軍みずから地勢を視察する、と説いています。間諜《かんちょう》によってもたらされる情報とともに、将軍みずからが現地に臨んで得られた感触も重要だとするのです。

夫《そ》れ地形《ちけい》なる者《もの》は、兵《へい》の助《じょ》なり。敵《てき》を料《はか》りて勝《しょう》を制《せい》し、険易遠近《けんいえんきん》を計《はか》るは、上将《じょうしょう》の道《みち》なり。此《これ》を知《し》りて戦《たたか》いを用《おこな》う者《もの》は必《かなら》ず勝《か》ち、此《これ》を知《し》らずして戦《たたか》いを用《おこな》う者《もの》は必《かなら》ず敗《やぶ》る。

夫地形者、兵之助也。料レ敵制レ勝、計ニ険易遠近一、上将之道也。知レ此而用レ戦者必勝、不レ知レ此而用レ戦者必敗。

そもそも地形というものは、戦争のための有力な助けとなる。敵の実情を分析して勝算を立て、土地の険易・遠近を計測するのは、有能な将軍のあり方である。このことを充分に考えた上で戦闘を起こす者は勝ち、このことを充分に考えずに戦闘を起こす者は敗れる。

戦場の地形は、勝敗に大きな影響を与えます。『孫子』冒頭の「五事七計」でも、その三番目の重要項目として「地」があげられていました。地形情報を無視した軍隊は、必ず敗れることになるでしょう。

なお、「険易遠近」の「易」字について、これを通行のテキストの多くは「阨」の字としていますが、ここは、「遠」と「近」とが対義語であることから推して、ここも、「険」との対義語である「易」の方がよいでしょう。実際、そのように記しているテキストもあります。「険」とは険しい地形、「易」とは平坦な地形です。また、銀雀山《ぎんじゃくざん》漢墓竹簡『孫子兵法』は、この地形篇に相当する部分が完全に失われていて、残念ながら確認できません。

故《ゆえ》に戦道《せんどう》必《かなら》ず勝《か》たば、主《しゅ》は戦《たたか》う無《な》かれと曰《い》うも、必《かなら》ず戦《たたか》いて可《か》なり。戦道《せんどう》勝《か》たざれば、主《しゅ》は必《かなら》ず戦《たたか》えと曰《い》うも、戦《たたか》う無《な》くして可《か》なり。故《ゆえ》に進《すす》んで名《な》を求《もと》めず、退《しりぞ》きて罪《つみ》を避《さ》けず、唯《た》だ民《たみ》を是《こ》れ保《たも》ち、而《しか》して利《り》の主《しゅ》に合《あ》うは、国《くに》の宝《たから》なり。

故戦道必勝、主曰レ無レ戦、必戦可也。戦道不レ勝、主曰ニ必戦一、無レ戦可也。故進不レ求レ名、退不レ避レ罪、唯民是保、而利合ニ於主一、国之宝也。

戦争の原則に照らして必ず勝てる見込みがあれば、たとえ主君が戦ってはならないと言っても、戦ってよろしい。戦争の原則に照らして勝てる見込みがないときには、たとえ主君が必ず戦えと言っても、戦ってはならない。だから、進撃して軍功をあげても名声を求めず、敗れて退却すればその罪を甘んじて受け、ただひたすら国民の財産と生命を保全して、その利益が主君にも合致する。このような将軍は国の宝というべきである。

国家の最高権力者である君主と、戦場の最高責任者である将軍との関係は、きわめて微妙です。もちろん君主が将軍の上に位置しています。しかし、九変篇で見たように、時と場合によっては、将軍も「君命《くんめい》に受けざる所《ところ》有り」とされていました（一一二頁参照）。それは、君主と将軍の関係が硬直してしまっていては、時々刻々と変化する現場の実情に対応できないと考えられたからでしょう。常に身分の高い者が方針を決定するのではありません。戦争の原則に照らして勝てるのかどうか、これを唯一の基準として戦闘の可否を決めるのです。

卒《そつ》を視《み》ること嬰児《えいじ》の如《ごと》し。故《ゆえ》に之《これ》と深谿《しんけい》に赴《おもむ》くべし。卒《そつ》を視《み》ること愛子《あいし》の如《ごと》し。故《ゆえ》に之《これ》と倶《とも》に死《し》すべし。

視レ卒如ニ嬰児一。故可三与レ之赴ニ深谿一。視レ卒如ニ愛子一。故可ニ与レ之倶死一。

指揮官は、まるで乳飲み子を見るかのように士卒をいとおしみ、まるでかわいい我が子を見るかのように士卒を大切にする。このような信頼関係が築かれていてはじめて、将軍はその士卒を連れて激戦地に赴くことができ、生死をともにすることができるのである。

指揮官と士卒との厚い信頼関係を説いています。ただし、士卒を見る将軍の目はあくまで冷静でなければなりません。

たとえば、戦国時代の魏《ぎ》の将軍として活躍した呉起《ごき》は、腫《は》れ物を病《や》む兵卒の膿《うみ》を自ら口で吸ってやったと伝えられています。しかしここでは、呉起の愛情よりは、むしろ呉起の冷徹な目を想像すべきでしょう。その兵士の母親は我が子の死を予見して慟哭《どうこく》したそうです。また、後に『説苑《ぜいえん》』（漢の劉向《りゅうきょう》が編纂《へんさん》した説話集）はこの故事を「復恩《ふくおん》」篇に収録しています。将軍呉起の行為に感激した兵は、その恩に報いるため、後日死力をつくして戦ったことでしょう。呉起はそうした士卒の心情を見通していたのです。

▼地形篇の教訓

地の利を生かさぬ者は、その地にほろびる。

◆コラム10　『呉子《ごし》』の兵法

戦国時代、『孫子』と並んで高く評価されたのは、『呉子』という兵書でした。「孫呉《そんご》の兵法」という言い方がそれを象徴しています。『呉子』の著者とされる呉《ご》起《き》とはどのような人物だったのでしょうか。

呉起の名声を一躍高めたのは、西河《せいか》防衛でした。『史記』に、「呉起西河の守《しゅ》と為《な》り、甚《はなは》だ声名《せいめい》有り」（孫子呉起列伝）と記されています。この西河とは、当時の秦《しん》と魏《ぎ》との国境を流れる黄河《こうが》の古い言い方です。この西河地区は、魏にとって、最も西に位置する対秦防衛の要衝の地でした。

呉起は、魏の文侯・武侯二代の時期にわたって、この西河防衛の任に当たり、赫々《かっかく》たる戦功をあげたと伝えられます。『呉子』に次のようにあります。

是《ここ》に於《お》いて文侯……（呉起を）立てて大将と為す。西河を守りて諸侯と大いに戦うこと七十六、全勝六十四、余《よ》は則ち鈞《ひと》しく解《と》く。土を闢《ひら》くこと四面、地を拓《ひら》くこと千里、皆（呉）起の功なり。（『呉子』図国篇《とこく》）

七十六戦して、六十四勝、負けなし、というのが呉起の戦歴です。さらに注目されるのは、ここで、軍事行動と土地の開墾とがまとめて評価されている点です。呉起は、魏の中央正規軍を展開して対秦防衛に当たったのではなく、西河の開墾と戦闘とを一体になって行う農民兵を募《つの》り、かれらを教練・選抜し、精鋭部隊を編成していったのです。

しかし、そうした困難きわまりない事業に、民が自主的に身を投じて来るでしようか。この点について参考となるのは、『荀子《じゅんし》』議兵《ぎへい》篇に論評された魏の軍容です。それによれば、魏の兵は、三種の鎧《よろい》や十二石の弩《ど》などの重装備で百里の行程を走破するなどの「試」によって選別され、その合格者のみが「武卒《ぶそつ》」という精鋭として編成されていたそうです。さらにこの「武卒」には、徭役《ようえき》の免除や田宅の税の減免などの特権が与えられていました。しかも、そうした特権は、現役引退後もしばらくは保障されたようです。

　呉起は西河防衛に際して、従来の身分制や伝統的価値観にとらわれることなく、こうした優遇措置を民に特例的に保証して、秦の大軍に対抗できるような「武卒」を養成していったのです。秦の侵攻に際し、魏の士卒は、「(軍) 吏《り》の令を待たずして、介冑《かいちゅう》して之を奮撃《ふんげき》」(『呉子』励士《れいし》篇)し、わずか五万の兵力で、秦の五十万の大軍を撃破したと伝えられています。

呉起像（中国山東省・孫武祠）

　また、呉起は、後に宰相公叔《こうしゅく》の計略にかかって、楚国へ出奔《しゅっぽん》しますが、楚での呉起の活動も、この西河における実績と密接な関係にあったようです。

『史記』の記載によれば、宰相に任命された呉起は、楚国の改革を断行します。その手法は、西河防衛での実践を連想させるようなものでした。法治主義の徹底、官僚組織の整備、爵制の改革、軍隊組織の充実。これらは、かつて辺境の西河で試みた施策を、楚国という大きな舞台を得た呉起が全国的規模で展開しようとしたものです。その急激な改革は、楚を強国へと押し上げます。しかし一方では、旧臣たちの反発を招き、呉起は、讒言《ざんげん》にあって処刑されました。

このように、呉起の思想と活動は、その革新性と合理性とに最大の特徴があります。それは当時の戦争形態の変化とも関係があるでしょう。貴族戦士によって構成される車兵を主体とした数千の軍隊から、民衆を大量に動員した数十万規模の大軍へ。両軍布陣を終えた後、正面対決によって雌雄を決する戦闘から、歩兵・騎馬の機動力を生かしてさまざまな詐術を駆使する戦略的な戦争へ。数時間から数日で決着のつく短期決戦から、数年から数十年を要する長期的な総力戦へ。

こうした変化は、それまでにない新たな思考を促していったと思われます。戦争に勝利するためには、国政全般を根本的に見直し、長期的展望のもとに富国強兵をめざすべきだ、という思考です。戦場での奮闘だけで勝利できるわけではありません。戦時の際の動員を容易にする行政組織は整備されているか、膨大な兵力を作戦行動に展開できるだけの経済的基盤は充実しているか。国家の総合力が問われる時代を迎えたのです。

のちに「兵家《へいか》」と呼ばれる人々は、こうした時代の申し子でした。かれらは、思想家として諸国を遊説し、王の面前で富国強兵の道を説きました。任用されれば、軍師として、あるいは将軍として、個々の作戦行動に関わるとともに、行政参謀として、あるいは宰相として、国政全般の抜本的な改革にも辣腕《らつわん》を振るっていきました。呉起は、その代表的人物の一人でした。

十一　九地篇

戦闘を行う九つの地勢について説く篇です。前篇の地形篇は、行軍の際に注意しなければならない地形について広く説いていました。これに対して、この九地篇は、敵との戦闘が行われる地点の形勢について具体的に論じています。

孫子《そんし》曰《いわ》く、用兵《ようへい》の法《ほう》、散地《さんち》有《あ》り、軽地《けいち》有《あ》り、争地《そうち》有《あ》り、交地《こうち》有《あ》り、衢地《くち》有《あ》り、重地《じゅうち》有《あ》り、圮地《ひち》有《あ》り、囲地《いち》有《あ》り、死地《しち》有《あ》り。

孫子曰、用兵之法、有㆓散地㆒、有㆓軽地㆒、有㆓争地㆒、有㆓交地㆒、有㆓衢地㆒、有㆓重地㆒、有㆓圮地㆒、有㆓囲地㆒、有㆓死地㆒。

孫子は言う。軍隊運用の法則としては、散地があり、軽地があり、争地があり、交地があり、衢《く》地《ち》があり、重地があり、圮《ひ》地《ち》があり、囲地があり、死地がある。

九つの地勢、すなわち「九地」について説いています。

「散地」とは、自軍の兵卒が離散しやすい国内の地。兵卒は、軍を離脱しても、たやすく郷里に帰還できると考えて、必死の覚悟をしません。だから、こうした地で戦ってはなりません。

「軽地」とは、国境を越えて敵の領地に少し踏み込んだ所。兵卒は、国境を越えたことで浮き足だちます。だから、こうした地にいつまでもぐずぐずと踏みとどまってはなりません。

「争地」とは、奪えばただちに戦略拠点となるような有利な地、あるいは、穀倉地帯のような利益となる地。これをどちらが奪取するかによって有利・不利が逆転します。だから、こうした地には先に到達しなければなりません。もし敵に奪われてしまったら、敵も必死で防衛するでしょう。安易に戦いを挑んではなりません。

「交地」とは、往来に都合の良い地。こちらの進軍に便利な地ですが、敵も容易に来襲できるので、こちらの部隊が分断されてしまう恐れがあります。だから、こうした地では、部隊は一団となって進み、とぎれないように注意する必要があります。

「衢地《くち》」とは、その先に諸侯の国々が続いているような四通八達の地。「衢」は、ちまたの意味です。こうした地は、その利便性によって外交使節を送りやすく、天下の支援を得ることができます。つまり要衝の地です。だから、こうした地では、その利を生かして諸侯と外交関係を結ぶようつとめます。

「重地」とは、重要な地。敵の領内深くにあり、勝てば、敵の城邑《じょうゆう》を多数奪い取ることができるような地です。ただ、こちらも、自国の領内を遠く離れ、食糧の支給に困難を来たします。だから、こうした地では、糧道がたたれないうちに、食糧を掠奪《りゃくだつ》する必要があります。

「圮《ひ》地《ち》」とは、山林や険阻《けんそ》な地形、沼沢など、およそ行軍を困難とするような地。「圮」は、やぶるの意味です。だから、こうした地は、留まらずにさっさと通り過ぎることが肝要です。

「囲地」とは、進入するには狭く、引き返すには曲がりくねっているような地。敵は少数でも、こちらを囲い込んで攻撃することができます。だから、こうした地では、脱出をはかって奇策をめぐらす必要があります。

「死地」とは、必死で戦わなければ軍が全滅するというような危険な地。たとえば、目の前に高い山があるような地形（敵の勢に圧倒される）、後ろに大河が流れているような地形（いわゆる背水《はいすい》の陣《じん》）です。だから、こうした地では、存亡をかけて激闘する必要があります。

人は、他人がどのような状況にあるかについては比較的理解できます。人の姿はよく見えるからです。しかし、自分が今どのような状況に置かれているかについては、思いをめぐらすことができません。今、自分は「重地」にいるのか、「軽地」にいるのか、それとも「死地」にいるのか、そうした自覚が大切です。

敢《あえ》て問《と》う、敵衆整《てきしゅうせい》にして将《まさ》に来《き》たらんとすれば、之《これ》を待《ま》つこと若何《いかん》。曰《いわ》く、先《ま》ず其《そ》の愛《あい》する所《ところ》を奪《うば》わば、則《すなわ》ち聴《き》かん。兵《へい》の情《じょう》は速《そく》を主《しゅ》とす。人《ひと》の及《およ》ばざるに乗《じょう》じて、虞《おも》わざるの道《みち》に由《よ》り、其《そ》の戒《いまし》めざる所《ところ》を攻《せ》むるなり。

敢問、敵衆整而将㆑来、待㆑之若何。曰、先奪㆓其所㆑愛、則聴矣。兵之情主㆑速。乗㆓人之不㆑及、由㆓不㆑虞之道㆒、攻㆓其所㆑不㆑戒也。

つつしんでうかがおう。敵が大軍を編成し、かつ整然と軍容を整えてこちらに攻撃を仕掛けてくる、そのようなとき、こちらはどのように待ち受ければよいのか。申し上げます。まず敵が最も愛着を持っているもの（たとえば、穀倉地帯や国都、有力な軍事基地、要衝となる地形など）を奪取するように見せかければ、敵はそれに動揺して兵力を分散させます。形勢は逆転し、こちらの思い通りになるでしょう。軍隊の実情は、迅速を第一とします。敵の準備がまだ調わないうちにその隙《すき》に乗じ、思いがけない方法を使って、敵が警戒していないところを攻めるのです。

迅速さの重要性は、たびたび述べられています。速度が大きな力となり、局面を打開するのです。逆に、遅延行為や長期戦は兵家の忌《い》むところです。戦いがずるずると長引けば、それだけ戦力を消耗し、また、戦士の心にも、厭戦《えんせん》気分が生じてしまいます。短期決戦、先制攻撃が勝利への道なのです。

なお、この一節は、明快な問答体によって構成されています。『孫子』の全体は、呉王に向かって孫武《そんぶ》が兵法を説く、という体裁になっているのでしょう。ただ、他の箇所では、この内の「問」が記されることはありません。ここは例外的に、王の具体的な問いに対して孫武が答える、という形式になっています。

ちなみに、問答体は、古代中国における文章構成の常套《じょうとう》手段です。たとえば、儒家思想を説いた『孟子《もうし》』は、諸国の王や弟子たちと孟子との問答形式をとっています。実際に孟子が遊説した際の問答記録や弟子たちとの対話記録に基づくのでしょう。また一方、『論語』のように、「子曰《しいわ》く」として、孔子のことばだけが記される場合もあります。これも、もとは弟子たちとの対話だったのでしょう。ただ、『論語』が編纂《へんさん》される際に、弟子の問いの部分は省略され、孔子のことばのみが記されたと考えられます。『孫子』の場合も、基本的には同様です。実際にあった問答か、想定問答かはともかく、問いの部分が記されるのはまれで、もっぱら孫子のことばが記されているのです。

凡《およ》そ客為《かくた》るの道《みち》、深《ふか》く入《い》れば則《すなわ》ち専《もっぱ》らにして、主人克《しゅじんか》たず。饒野《じょうや》に掠《かす》むれば、三軍《さんぐん》も食《しょく》に足《た》る。謹《つと》め養《やしな》いて労《ろう》すること勿《な》く、気《き》を併《あわ》せ力《ちから》を積《つ》み、兵《へい》を運《めぐ》らして計謀《けいぼう》し、測《はか》るべからざるを為《な》す。之《これ》を往《ゆ》く所無《ところな》きに投《とう》ずれば、死《し》し

凡為レ客之道、深入則専、主人不レ克。掠ニ于饒野一、三軍足レ食。謹養而勿レ労、併レ気積レ力、運レ兵計謀、為レ不レ可レ測。投ニ之無一レ所レ往、死且不レ北。

て且《か》つ北《に》げず。死焉《しいずく》んぞ得《え》ざらん。士《し》人力《じんちから》を尽《つ》くさん。

死焉不レ得。士人尽レ力。

およそ遠征軍を編成して敵地に赴く場合（客）の原則は、敵の国境を越えてはるかに深く侵攻すれば、士卒は気力を充実させ必死となって戦うので、本国にあって迎え撃つ敵（主人）はこちらに対抗することができない。肥沃《ひよく》な土地で農作物を掠奪《りゃくだつ》すれば、軍隊の食糧も充足する。その食糧で士卒を充分に休養させて疲れさせず、士卒の気をみなぎらせ全力を尽くさせ、軍隊を巧みに運用して策略をめぐらし、敵にこちらの動きを予測させないようにする。兵をあえて敵中深く侵攻させ、勝利のみが帰還を約束するという状況に追い込めば、かれらは死力をつくして奮戦し、敵前逃亡するようなことはない。どうして必死の覚悟をいだかないことがあろうか。かれらは全力をつくして働くであろう。

長駆侵攻作戦の要は、中途半端にならないことが大切です。いつでも母国に帰国できるというのであれば、士卒の心は前向きにはなりません。国境線を越えるのであれば、大胆に敵地の奥深くに侵攻し、帰国するためには、この一戦に勝利する以外にはないという覚悟を士卒に植えつける必要があります。死にものぐるいで戦うから、活路も開けてくるのです。また、そのような来敵（客）を迎える側（主人）も、根拠地にいるからといって安心はできません。母国で戦うという安心感が、逆に劣勢を招いてしまうのです。

『孫子』は、本篇の後節で、「凡《およ》そ客為《かくた》るの道《みち》は、深《ふか》ければ則《すなわ》ち専《もっぱ》らにして、浅《あさ》ければ則《すなわ》ち散《さん》ず（国境線を越えて深く敵地に侵攻した場合は、士卒は一致団結するが、中途半端に浅く侵攻した場合には、逃散してしまう）」と、ほぼ同じ主旨を説いています。そして、本篇の冒頭では、敵国深く進入した場合、そこを「重地《じゅうち》」、浅く進入した場合、そこを「軽地《けいち》」と定義していました（一四〇頁参照）。

故《ゆえ》に善《よ》く兵《へい》を用《もち》いる者《もの》は、譬《たと》えば率然《そつぜん》の如《ごと》し。率然《そつぜん》とは、常山《じょうざん》の蛇《へび》なり。其《そ》の首《くび》を撃《う》てば、

故善用レ兵者、譬如二率然一。率然者、常山之蛇也。撃二其首一、

則《すなわ》ち尾《お》至《いた》る。其《そ》の尾《お》を撃《う》てば、則《すなわ》ち首《くび》至《いた》る。其《そ》の中《なか》を撃《う》てば、則《すなわ》ち首尾《しゅび》倶《とも》に至《いた》る。敢《あえ》て問《と》う、兵《へい》は率然《そつぜん》の如《ごと》くならしむべきか。曰《いわ》く可《か》なり。夫《そ》れ呉人《ごひと》と越人《えつひと》と相悪《あいにく》むや、其《そ》の舟《ふね》を同《おな》じくして済《わた》りて風《かぜ》に遇《あ》うに当《あ》たりては、其《そ》の相救《あいすく》うや、左右《さゆう》の手《て》の如《ごと》し。

則尾至。撃ニ其尾一、則首至。撃ニ其中一、則首尾倶至。敢問、兵可レ使レ如ニ率然一乎。曰可。夫呉人与ニ越人一相悪也、当ニ其同レ舟而済遇レ風、其相救也、如ニ左右手一。

うまく軍隊を運用する者のありさまは、たとえば「率然」のようなものだ。率然とは常山にすむ蛇の名である。その首を撃とうとすると、ただちに尾がそりかえって助けに来る。その尾を撃とうとすると首がかみついてくる。体のまん中あたりを撃とうとすると首と尾の両方が襲ってくる。つつしんでうかがおう。軍隊も率然のようにすることはできるのか。孫武の答え。できます。そもそも呉の国の人とその隣国の越の人とは互いに憎み合う間柄ですが、それでも、同じ舟に乗って河を渡る際、強風にあって舟が転覆しそうなときは、日頃の憎しみを忘れてお互いに助け合うさまは、まるで左右の手のようです。

著名な一節です。軍隊の俊敏な連携運動を説いています。「常山蛇勢《じょうざんだせい》」や「呉越同舟《ごえつどうしゅう》」という故事成語の出典ともなりました。「呉越同舟」については、本篇末尾のコラム11で解説します。「常山蛇勢」とは、この蛇の様子から、前後左右どこにも死角・欠点がないという意味で使われます。

なお、ここで「常山」と記される山は、今の河北省曲陽県の西北にある山で、五岳《ごがく》の一つに数えられる名山です。ところが、銀雀山《ぎんじゃくざん》漢墓出土の竹簡本『孫子』では「恒山《こうざん》」と表記されていました。もとは「恒山」で、これが後世、「常山」に変えられたのでしょう。その原因は、前漢文帝の諱《いみな》「劉恒《りゅうこう》」を避けたからです。古代の中国では、皇帝の実名（諱）を記すのを避ける「避諱《ひき》」という習慣がありました。その方法としては、このように、ほぼ同じ意の別字（「常」も「恒」も、つねの意）に改めるとか、あるいは、同じ音の別字に改めるとか、その漢字の最後の一画を欠いたままにするなどがありました。この山の名も、避諱によって「恒山」から「常山」へと表記が変わったと思われます。文字の国、中国ならではの現象でしょう。

将軍《しょうぐん》の事《こと》、静以《せいもっ》て幽《ゆう》、正以《せいもっ》て治《ち》、能《よ》く士卒《しそつ》の耳目《じもく》を愚《ぐ》にし、之《これ》をして知《し》る無《な》からしむ。其《そ》の事《こと》を易《か》え、其《そ》の謀《はかりごと》を革《あらた》め、人《ひと》をして識《し》る無《な》からしむ。其《そ》の居《きょ》を易《か》え、其《そ》の途《みち》を迂《う》にし、人《ひと》をして慮《おもんぱか》るを得《え》ざらしむ。

将軍之事、静以幽、正以治、能愚㆓士卒之耳目㆒、使㆓之無㆑知。易㆓其事㆒、革㆓其謀㆒、使㆓人無㆑識。易㆓其居㆒、迂㆓其途㆒、使㆓人不㆑得㆑慮。

将軍は、ものごとを静粛かつ幽玄に進め、整然と、また正確に行う必要がある。だから士卒を統制する場合にも、無用な混乱を避けるため、将軍レベルの重要情報が士卒の耳目に触れないようにし、また、将軍の真意を察知されないようにする。たとえ真意は一つとしても、表面上の言動を適度に変え、また計略を改め、軍が何をしようとしているのかを悟られないようにする。また、駐屯地を転じ、行軍路をわざと遠回りにし、軍がどこに行こうとしているのかを悟られないようにする。

情報とは、必ずしも全員が共有すべきものではありません。将軍は、あらゆる情報を掌握した上で、正確な判断を下す必要があります。しかし、情報をすべての士卒に伝える必要はありません。むしろ、適当な情報操作をしなければ、情報処理能力を持たない者たちは混乱してしまうでしょう。

将軍と士卒の意思の疎通は大切です。しかし、生死を分かつ戦場に隠密行動で赴こうというときに、それを事前に士卒にもらせば、恐怖の余り戦場を離脱する士卒もいるでしょう。また、その機密情報をもとに敵方に内通する者が現れるかもしれません。情報とは、その組織の中のそれぞれの役割に応じて適切に管理されなければならないのです。

是《こ》の故《ゆえ》に始《はじ》めは処女《しょじょ》の如《ごと》ければ、敵人戸《てきじんと》を開《ひら》く。後《あと》は脱兎《だつと》の如《ごと》ければ、敵拒《てきふせ》ぐに及《およ》ばず。

是故始如二処女一、敵人開レ戸。後如二脱兎一、敵不レ及レ拒。

そこで、はじめは弱々しい乙女のように見せかけて敵を安心させると、敵はやすやすと城門の扉を開いてしまう。ところが後で豹変して脱兎のように迅速に行動する。そうなると敵はその急激な変化に対応できず、我が軍をおしとどめることができない。

九地篇の最後に置かれた一節です。軍事の要《かなめ》は、敵の実情を正確に把握することです。そして、敵の油断を誘うために、はじめは柔弱な態度を示し、その後、敵に対応の余裕を与えないほどの急激な変化をとげよというのです。「処女」と「脱兎《だっと》」。見事な比喩《ひゆ》です。

▼九地篇の教訓

速度と変化が力を生み、局面を打開する。

◆コラム11　呉越戦争から生まれた故事成語

春秋時代《しゅんじゅう》の末期、呉と越は、長江の下流域で激闘を繰り広げました。その戦争は、従来の戦闘形態を一変するもので、人々に強い衝撃を与えました。そこからは、次のような故事成語も生み出されています。

まず、「呉越同舟《ごえつどうしゅう》」。『孫子』九地篇の「呉人《ごひと》と越人《えつひと》と相悪《あいにく》むや、其《そ》の舟《ふね》を同《おな》じくして済《わた》りて風《かぜ》に遇《あ》うに当たりては、其《そ》の相救《あいすく》うや左右の手の如《ごと》し」に基づく語です。敵同士でも、困難なときには助け合うという例として、同じ船に乗り合わせた呉人と越人があげられています。今では、もっぱら、仲の悪い者同士が一緒にいるという意味で使われます。

「臥薪嘗胆《がしんしょうたん》」も、呉越戦争に関わる成語です。呉王夫差《ふさ》が、父の敵の越王句践《えつおうこうせん》（「勾践」と記されることもある）に対する仇討《あだう》ちの志を忘れないように薪《たきぎ》の上に寝て身を苦しめたという故事。そして、夫差に敗れた句践が仇討ちの志を忘れないために胆《きも》を嘗《な》めて身を苦しめたという故事。この二つの故事に基づく成語です。つまり、「臥薪」と「嘗胆」とはもともとは別の故事だったのですが、後に四字の熟語にまとめられ、成語となったのです。現在は、目的を果たすために努力し苦労するという意味で使われます。

「会稽《かいけい》の恥《はじ》」は敗戦の恥辱《ちじょく》を表す成語です。会稽とは山の名。現在の浙江省《せっこうしょう》紹興《こう》市の南にある山です。ここで、越王句践が呉王夫差に敗れ、降伏しました。生き恥をさらした句践にとって会稽山は忘れがたい屈辱の地です。一方、敗戦の屈辱をはらすことを「会稽の恥を雪《すす》ぐ」というように使います。

呉越の戦いを簡単な年表に記しておきましょう。

呉越戦争関係年表

前七七〇	周が犬戎《けんじゅう》（異民族）の侵攻によって遷都。東周。春秋時代の開始。
前四九六	越王句践《こうせん》、呉を迎撃、呉王闔廬《こうりょ》（夫差《ふさ》の父）没。
前四九四	呉王夫差《ふさ》、越王句践を会稽山《かいけいざん》に破り、父の仇を討つ。
前四七九	孔子没。
前四七三	越王句践に敗れて呉王夫差自殺、呉滅亡。

前四六五	越王句践没。
前四五三	晋の有力貴族韓《かん》・魏《ぎ》・趙《ちょう》の三氏が実権を掌握。
前四〇三	晋が韓・魏・趙の三国に分裂。
前二二一	秦の始皇帝、中国を統一。

十二　火攻篇

火攻めという特殊戦法について説く篇です。銀雀山《ぎんじゃくざん》漢墓出土の竹簡本『孫子』では、この十二番目の火攻篇と十三番目の用間篇の順序が逆になっていました。つまり、竹簡本では、この火攻篇こそが『孫子』のしめくくりの篇とされているのです。確かに、本篇の最後の一節は、戦争がいかに重大事であるかを述べていて、『孫子』冒頭の計篇のことばと呼応しています。

孫子《そんし》曰《いわ》く、凡《およ》そ火攻《かこう》に五有《ごあ》り。一《いち》に曰《いわ》く火人《かじん》、二《に》に曰《いわ》く火積《かし》、三《さん》に曰《いわ》く火輜《かし》、四《し》に曰《いわ》く火庫《かこ》、五《ご》に曰《いわ》く火隧《かすい》。火《ひ》を行《おこな》うには因有《いんあ》り、因《いん》は必《かなら》ず素《もと》より具《そな》う。火《ひ》を発《はっ》するに時有《ときあ》り、火《ひ》を起《お》こすに日有《ひあ》り。時《とき》とは、天《てん》の燥《そう》なり。日《ひ》とは、月《つき》の箕《き》、壁《へき》、翼《よく》、軫《しん》に在《あ》るなり。凡《およ》そ此《こ》の四《し》宿《しゅく》の者《もの》は、風起《かぜお》こるの日《ひ》なり。

孫子曰、凡火攻有レ五。一曰火人、二曰火積、三曰火輜、四曰火庫、五曰火隧。行レ火有レ因、因必素具。発レ火有レ時、起レ火有レ日。時者、天之燥也。日者、月在二箕、壁、翼、軫一也。凡此四宿者、風起之日也。

孫子は言う。およそ火攻めには五種類の方法がある。一は火人、すなわち布陣・駐屯している敵の兵団に火をかけること、二は火積《かし》、すなわち敵の食料や柴《さい》積《し》（積んだたき木）に火をかけること、三は火輜《かし》、すなわち輸送中の兵器・財物に火をかけること、四は火庫、すなわち倉庫に収蔵された兵器や財貨に火をかけること、五は火隧《かすい》、すなわち敵軍の通り道に火をかけること、である。火攻めを行うには、条件が必要であり、その条件は事前に備わっていなければならない。火攻めはいつでもよいというわけではなく、火を発し起こすには適切な日時がある。その時とは、火の起こりやすい乾燥した時であり、その日とは、月が二十八宿《にじゅうはっしゅく》の内の箕、壁、翼、軫《しん》の分野にある期間を指す。なぜなら、この四つの分野に月が位置するときは、風が起こりやすいからである。

銀雀山漢墓出土の竹簡本『孫子』では、十三篇の最後に置かれている篇です。火攻めという特殊技術について説きます。火攻めとは、一見効率よく敵を打ち破る技術のように考えられますが、それには一定の自然条件が必要となるでしょう。乾燥と風です。

二十八宿とは、古代中国で、黄道《こうどう》に沿って天を二十八の分野に区分し、それぞれに一つの星座（星宿）を当てたものです。ここで、突然こうした古代の天文学が登場するのは、何か神秘的な感じもするでしょう。しかし、『孫子』は決して迷信を説いているのではありません。長年の経験から、月がこの四つの星宿に位置するときには、風が吹きやすいと言っているのです。科学と迷信は紙一重かもしれません。ただ、『孫子』が説くのは、経験に裏づけられた合理的戦術なのです。

ちなみに、火攻めとして有名なのは、赤壁《せきへき》の戦いにおける諸葛孔明《しょかつこうめい》の活躍です。『三国志演義』では、孔明は七星壇《しちせいだん》を築き、その祭壇で東南の風を呼び起こし、曹操《そうそう》の船団を火攻めにしたということになっています。まさに超人的な兵法家として描かれているのです。ただ、これも、孔明が、経験や情報によって東南の風が吹きやすい時節を事前に察知していたとすればどうでしょうか。彼も、この『孫子』火攻篇の教えを実践しただけだと言えるかもしれません。

故《ゆえ》に火《ひ》を以《もっ》て攻《こう》を佐《たす》くる者《もの》は明《めい》、水《みず》を以《もっ》て攻《こう》を佐《たす》くる者《もの》は強《きょう》なり。水《みず》は以《もっ》て絶《た》つべきも、以《もっ》て奪《うば》うべからず。

故以レ火佐レ攻者明、以レ水佐レ攻者強。水可二以絶一、不レ可二以奪一。

火を攻撃の助けとすることができるのは将軍の叡智《えいち》であるが、水を攻撃の助けとすることができるのは、強大な軍事力である。水攻めは、比較的低地にある敵の糧道を分断することはできるが、高所にある敵の要衝の地を奪うことはできない。

この一節は、本篇の主題である火攻めを、水攻めと対比し、その優位性を説いたものです。火攻めは、前節で説かれたように、一定の自然条件を満たせば、きわめて有効な攻撃手段として活用できます。用意するのは、油、草、薪《たきぎ》くらいでしょうか。あとは、発動する時間と場所について、将軍が適切な判断を下せばよいのです。これに対して、水攻めには、相当の労力が必要となり、適用できる場所も限定されます。たとえば、河の流れをせき止めて、水路を変え、敵の前線と後方とを結ぶ道路を水によって遮断する、という戦術を考えてみましょう。それには大土木工事が必要となります。要する時間と労力は計り知れません。また、水攻めは、高い場所には使えません。水は低い方に向かって流れるからです。さらに、火攻めの効果はすぐにあらわれるのに対して、水攻めの効果があらわれるのには一定の時間がかかります。特に、敵の城を水攻めにする場合には、こちらも長期戦を覚悟しなければなりません。

夫《そ》れ戦勝攻取《せんしょうこうしゅ》して、而《しか》も其《そ》の功《こう》を修《おさ》めざる者《もの》は凶《きょう》なり。命《な》づけて「費留《ひりゅう》」と曰《い》う。故《ゆえ》に曰《いわ》く、明主《めいしゅ》は之《これ》を慮《おもんぱか》り、良将《りょうしょう》は之《これ》を修《おさ》め、利《り》に非《あら》ざれば動《うご》かず、得《とく》に非《あら》ざれば用《もち》いず、危《き》に非《あら》ざれば戦《たたか》わず。

夫戦勝攻取、而不レ修ニ其功一者凶。命曰ニ費留一。故曰、明主慮レ之、良将修レ之、非レ利不レ動、非レ得不レ用、非レ危不レ戦。

そもそも戦闘に勝利して利益を収めながら、いつまでも惰性で戦闘状態を続け、論功行賞や戦後処理を適切に行わないのはよくない。これを「費留《ひりゅう》」（浪費・滞留）という。だから次のようにいわれている。英明な君主はよく考え、すぐれた将軍は戦闘を手短に切り上げる。こちらの利益にならないのであれば決して軍を動かさず、こちらの得にならない用兵は行わず、こちらの危機を回避する場合にのみ戦争にふみきる。

『孫子』はしばしば戦争を国家経済の観点から説きます。「日《ひ》に千金《せんきん》を費《つい》やす」（作戦篇、用間篇）戦争に意味があるのかどうか。これをよくよく考えなければなりません。ましてや、せっかく勝利を収めながら、適切な事後処理を行わなければ、事実上、戦闘状態が継続しているのと同じです。日々、戦費は浪費されていくのです。だから君主と将軍は、国家経済の利益になるかどうかという観点から、戦争の可否を考えるべきなのです。

主《しゅ》は怒《いか》りを以《もっ》て師《し》を興《おこ》すべからず、将《しょう》は慍《うら》みを以《もっ》て戦《たたか》いを致《いた》すべからず。利《り》に合《あ》えば動《うご》き、利《り》に合《あ》わざれば止《とど》まる。怒《いか》りは以《もっ》て復《ま》た喜《よろこ》ぶべく、慍《うら》みは以《もっ》て復《ま》た悦《よろこ》ぶべきも、亡国《ぼうこく》は以《もっ》て復《ま》た存《そん》すべからず、死者《ししゃ》は以《もっ》て復《ま》た生《い》くべからず。故《ゆえ》に明君《めいくん》は之《これ》を慎《つつし》み、良将《りょうしょう》は之《これ》を警《いまし》む。此《こ》れ国《くに》を安《やす》んじ軍《ぐん》を全《まっと》うするの道《みち》なり。

主不レ可ニ以レ怒而興レ師、将不レ可ニ以レ慍而致レ戦。合ニ於利一而動、不レ合ニ於利一而止。怒可ニ以復喜一、慍可ニ以復悦一、亡国不レ可ニ以復存一、死者不レ可ニ以復生一。故明君慎レ之、良将警レ之。此安レ国全レ軍之道也。

君主が怒りに任せて開戦を命じたり、将軍が個人的な恨みに報いるために戦ってはならない。要するに利益にかなえば発動し、利益に合わなければ中止する。怒りはいつか喜びに転じ、恨みもいつか楽しみに変わることはあるが、滅亡した国家は再興できず、死者も二度とはよみがえらない。だから英明な君主はこのことを慎み、すぐれた将軍はこのことを戒めるのである。これが国家を安泰にし軍団を保全する方法である。

戦いを発動する契機は、客観的な条件でなければなりません。『孫子』が強調するのは、「利」にかなうか否かの一点です。君主や将軍の個人的な感情で戦争を起こしてはならないのです。怒り恨みという感情は、いつか時間によって癒《いや》されます。しかし、国家や人命はひとたび失ってしまえば、もう永遠に帰ってこないのです。

▼火攻篇の教訓

怒りや恨みで戦いを始めてはならない。

◆コラム12　中国兵法の平和観

古代中国で、反戦平和論を唱えたのは、公孫龍《こうそんりゅう》・恵施《けいし》・宋鈃《そうけい》・尹文《いんぶん》など、戦国時代の論理学派、いわゆる「名家《めいか》」の思想家たちでした。宋鈃と尹文は、侮辱されてもそれを恥辱と思わなければ自ずから闘争は止むと考えました。その説を「非闘《ひとう》」説、あるいは「寝兵《しんぺい》」説といいます。「寝兵」とは、「兵を寝《や》む」という意味です。かれらは、この侵略戦争反対・軍備撤廃のスローガンを掲げて天下を駆けめぐりました。また公孫龍や恵施も、軍事大国をめざす諸侯の前で、「偃兵《えんぺい》」説を主張しました。「偃兵」も、「兵を偃《や》む」という意味です。

さらに、墨翟《ぼくてき》を首領とする墨家《ぼっか》集団は、「非攻《ひこう》」説を掲げました。かれらは、軍事大国による侵略戦争を批判し、自ら弱小国に赴いて城の防衛戦に加わったのです。墨家の特異な実践活動は、城の防衛に関する技術や兵器を生み出し、その固い守りは「墨《ぼく》守《しゅ》」とたたえられました。

名家や墨家による反戦平和論は、中国古代の中では突出した、崇高な理念に貫かれていました。しかし、かれらは、他学派から強烈に批判され、敗北することになりました。戦国時代の切迫した状況は、かれらの主張を単なる理想論と見なして受け入れなかったのです。

ただ、「文」の国である中国では、決して、平和に対する観

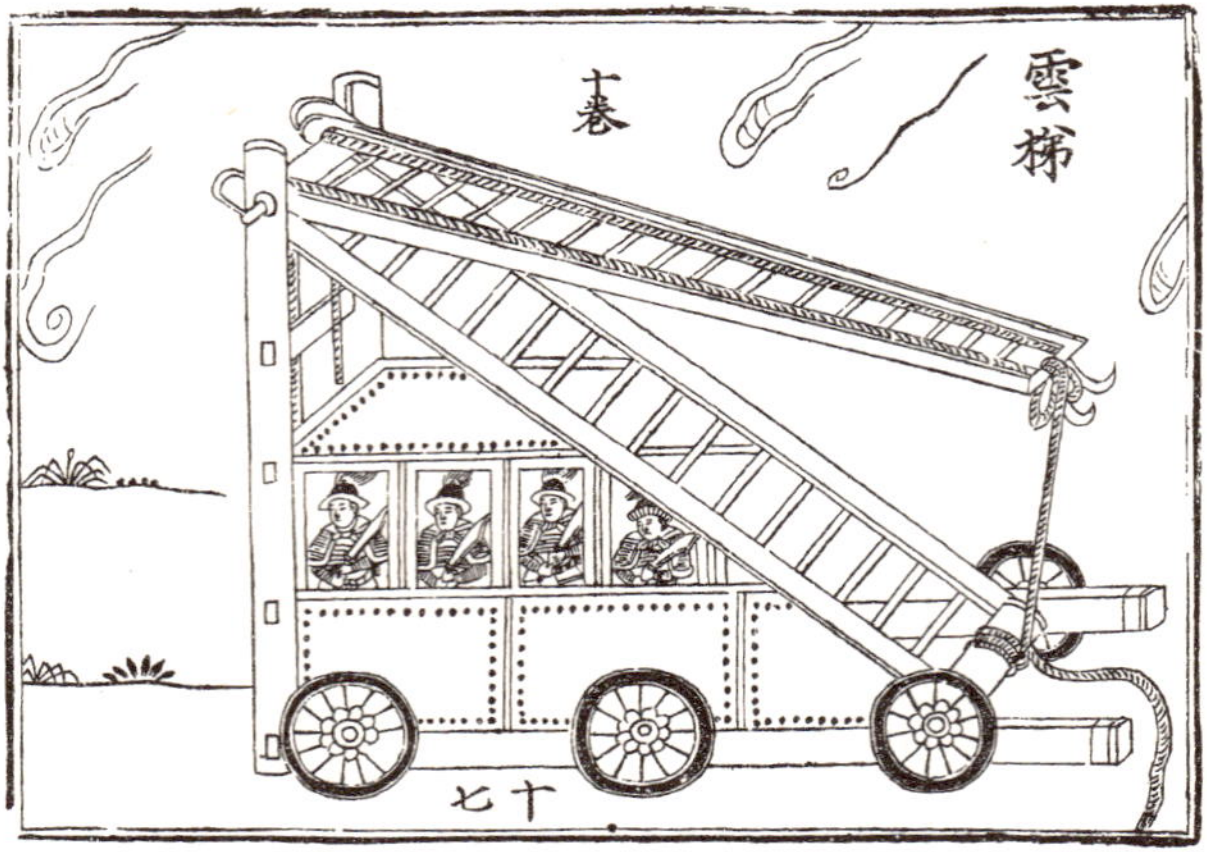

攻城兵器雲梯（『武経総要』）

念が薄かったというわけではありません。実は、中国兵法の基本的性格の中に、すでに平和的要素が潜んでいるのです。『孫子』が説くのは絶対戦争ではありません。何が何でも戦って、是が非でも勝利すると言っているのではないのです。戦わない兵法、負けない兵法というのが、中国兵法の基本原則です。兵法の中の平和というのは一見矛盾した表現ですが、こうした性格が備わっている点にこそ、中国兵法の特色があると言えましょう。

十三　用間篇

十三篇『孫子』の最後の篇です。間諜《かんちょう》（スパイ）の活用と情報戦について説くもので、情報収集を重視する『孫子』のしめくくりとして理解されてきました。ただ、銀雀山《ぎんじゃくざん》漢墓出土の竹簡本『孫子』では、十二番目の火攻篇と十三番目の用間篇の順序が逆になっていた点については、すでに触れたとおりです。

孫子《そんし》曰《いわ》く、凡《およ》そ師《し》を興《おこ》すこと十万《じゅうまん》、師《し》を出《い》だすこと千里《せんり》ならば、百姓《ひゃくせい》の費《ひ》、公家《こうか》の奉《ほう》、日《ひ》に千金《せんきん》を費《つい》やす。内外騒動《ないがいそうどう》して、道路《どうろ》に怠《つか》れ、事《こと》を操《と》るを得《え》ざる者《もの》、七十万家《しちじゅうまんか》。相守《あいまも》ること数年《すうねん》にして、以《もっ》て一日《いちにち》の勝《かち》を争《あらそ》う。而《しか》るに爵《しゃく》禄百金《ろくひゃっきん》を愛《おし》んで、敵《てき》の情《じょう》を知《し》らざる者《もの》は、不《ふ》仁《じん》の至《いた》りなり。人《ひと》の将《しょう》に非《あら》ざるなり。主《しゅ》の佐《さ》に非《あら》ざるなり。勝《しょう》の主《しゅ》に非《あら》ざるなり。

孫子曰、凡興レ師十万、出レ師千里、百姓之費、公家之奉、日費二千金一。内外騒動、怠二於道路一、不レ得レ操レ事者、七十万家。相守数年、以争二一日之勝一。而愛二爵禄百金一、不レ知二敵之情一者、不仁之至也。非二人之将一也。非二主之佐一也。非二勝之主一也。

孫子は言う。およそ十万の大軍を発動して千里の彼方に進軍しようとすれば、国民の支出や王家の出費は、一日あたり千金にものぼる。その上、平穏な生活は破壊されて国の内外が騒然とし、兵器や軍糧を運搬する道路にかり出された民は疲れきり、軍事に関わらざるを得ない家が七十万戸にも達する。たった一日の勝利のために、こうした態勢を数年間も保持しなければならない。それにもかかわらず、間諜への爵位や報償を惜しんで、敵の実情を知ろうとしないのは、民衆に対してあまりに無慈悲な態度であると言われても仕方がない。そのような将軍は、真の将軍とは言えず、君主の補佐役とは言えず、勝利をもたらす管理者とも言えない。

ここに記される「十万」「七十万家」という数値については、少し説明がいるでしょう。まず「十万」という動員兵力数は、春秋時代の典型的な戦争規模から言って、やや過大ではないかという意見もあります。たとえば、『春秋左氏伝』に記される春秋時代の会戦は、戦車戦を主体とするもので、その動員兵力数は、最大でも数万規模です。ちなみに、戦国時代に入ると十万規模の戦争が見え、戦国時代の中期には数十万規模の戦争、そして戦国時代末期の秦の軍隊は動員兵力数を「百万」と号していました。こうしたことから、『孫子』の背景とする時代としては、戦国時代が適当であろうとする説も有力だったのです。

しかし、春秋時代の末期、呉《ご》と越《えつ》が戦った長期戦は、それまでの中国の戦争の常識をくつがえすものでした。十万という動員兵力数も、単なる貴族戦士の数ではなく、まさに国家総動員態勢のもとにはじき出された数値なのでしょう。こうした意味で、『孫子』は、時代をはるかに先駆ける兵書だったのです。

また、「七十万家」については、魏《ぎ》の曹操《そうそう》の注釈をはじめとして、古来、次のように説明されています。古代の中国では、八軒の家で隣組《となりぐみ》を構成した。だから一家の男子が徴兵されると、他の七軒の家も後方支援の雑用に従事せざるを得なくなる、と。つまり、国家が十万人の兵士を徴用すると、その七倍の国民に深刻な影響が及び、国家経済の根本である農業生産に深刻な打撃を与えるのです。

故《ゆえ》に明君賢将《めいくんけんしょう》、動《うご》きて人《ひと》に勝《か》ち、成功《せいこう》の衆《しゅう》に出《い》ずる所以《ゆえん》の者《もの》は、先知《せんち》なり。先知《せんち》なる者《もの》は、鬼神《きしん》に取《と》るべからず、事《こと》に象《かたど》るべからず、度《ど》

故明君賢将、所〓以動而勝〓人、成功出〓於衆〓者、先知也。先知者、不〓可〓取〓於鬼神〓、不〓

に験《けん》すべからず。必《かなら》ず人知《じんち》に取《と》る者《もの》なり。

可㆑象㆓於事㆒、不㆑可㆑験㆓於度㆒。
必取㆓於人知㆒者也。

聡明《そうめい》な君主、賢明な将軍は、ひとたび動けば敵に勝ち、抜群の成功を収める。それは、かれらが「先知」しているからである。「先知」とは、鬼神のお告げとか、天界の事象とか、天のめぐりといったものではない。必ず人の知性によって得られる情報である。

前節で、『孫子』は、戦争が国家経済に深刻な打撃を与えると説きました。だからこそ、戦う前に敵情を充分に把握し、戦いの成否を的確に予知している必要があります。ただ、ここで言う予知とは、決して、神秘的な能力や怪しげな迷信を指しているのではありません。人は、枕元《まくらもと》に立った鬼神《きしん》のお告げとか、流れ星や日食といった天界の事象とか、甲子《きのえね》（十干《じっかん》の甲《きのえ》と十二支の子《ね》が組み合わさった干支の周期の第一の年月日）の日は縁起が良いなどといった天のめぐりに、吉兆や凶兆を感じ、一喜一憂するかもしれません。しかし、『孫子』はそうした神秘と迷信をいっさい退けます。「先知」は、人間の知性によってのみ獲得できるのです。具体的には、間諜による情報の収集活動と、それに基づく冷静な情報分析です。

故《ゆえ》に間《かん》を用《もち》いるに五有《ごあ》り。因間有《いんかんあ》り、内間有《ないかんあ》り、反間有《はんかんあ》り、死間有《しかんあ》り、生間有《せいかんあ》り。

故用レ間有レ五、有二因間一、有二内間一、有二反間一、有二死間一、有二生間一。

間諜を用いるには、五種類の方法がある。「因間」「内間」「反間」「死間」「生間」の五つである。

「因間」とは、もともとその土地に因《よ》る、つまり現地生《は》え抜きの民間人を使った諜報活動です。この間諜は、その土地の実情に通じ、土地の者でしか分からない情報をもたらします。郷里の間諜という意味から「郷間《きょうかん》」と呼ばれることもあります。

「内間」とは、敵国の人間を使って諜報活動をさせるもの。「因間」が民間人であるのに対して、この「内間」は敵国の機密情報に通じた上層部の人間を指します。

「反間」とは二重スパイを使うことです。敵国から派遣された間諜を寝返らせ、自国の間諜として使うのです。敵は、諜報活動に際して最重要の軍事機密を間諜にもらしている場合があります。この情報を逆に入手しようとするものです。

「死間」とは、高度な間諜です。他の間諜が情報の入手を主目的とするのに対して、この「死間」は、自らの生命を危険にさらしながら、にせの情報を流し、敵の攪乱《かくらん》を画策するのです。死間が本国へ無事生還することはほとんどありません。

これに対して「生間」は、なんども敵国に侵入し、そのつど貴重な情報を入手して本国に生還する間諜です。

『孫子』は、廟算《びょうさん》（開戦前の御前会議）の段階で事前に勝敗を知ることができるといっていました（計篇）。ただ、そのためには、敵味方の実態をあらかじめ正確に把握しておく必要があります。情報の収集と的確な分析。この基盤があるからこそ、あらゆる企画は成立すると言えます。しかし、通信手段の発達していない古代にあって、はるか彼方に離れた敵の実情を知るのは容易ではありません。また、高度情報通信の時代と言われる現代でも、他人が何を考え、どのような行動に出ようとしているのかを察知するのは、実は意外と難しいのです。外からは見えない人の心の動きをも洞察しなければならないからです。『孫子』は、こうした人の心の問題にまで踏み込んで、情報収集の必要性を強調します。そして、その役割を担うものとして間諜が重視されました。

故《ゆえ》に三軍《さんぐん》の親《しん》は、間《かん》より親《した》しきは莫《な》く、賞《しょう》は間《かん》より厚《あつ》きは莫《な》く、事《こと》は間《かん》より密《みつ》なるは莫《な》し。聖智《せいち》に非《あら》ざれば間《かん》を用《もち》うること能《あた》わず、仁義《じんぎ》に非《あら》ざれば間《かん》を使《つか》うこと能《あた》わず、微妙《びみょう》に非《あら》ざれば間《かん》の実《じつ》を得《う》ること能《あた》わず。微《び》なるかな微《び》なるかな。間《かん》を用《もち》いざる所《ところ》無《な》きなり。

故三軍之親、莫レ親ニ於間一、賞莫レ厚ニ於間一、事莫レ密ニ於間一。非ニ聖智一不レ能レ用レ間、非ニ仁義一不レ能レ使レ間、非ニ微妙一不レ能レ得ニ間之実一。微哉微哉。無レ所レ不レ用レ間也。

そこで、全軍の士卒の中で、将軍と最も親密な関係にあり、将軍と直接対面して下命を受けるのは間諜である。また、全軍の中で最も手厚い恩賞を受けるのも間諜である。そして、最も機密を要する仕事に従事するのも間諜である。一方、間諜からもたらされた多くの情報を分析し、その中から真に価値ある情報を見きわめ決断を下すためには、突出した高度な知性（聖智）が必要であり、凡庸な君主や将軍では、せっかくもたらされた情報を活かすことができない。また、死線をくぐって情報を入手してくる間諜に対し、深い思いやりの心（仁義）を持つ必要がある。かれらを単なる使いゴマと軽視し、かれらの苦労に思いをいたすことができなければ、間諜を使う資格はない。かれらはやがてそうした君主や将軍を見限ることであろう。さらに、間諜がもたらす情報の、微妙なニュアンスを察知できなければ、情報の裏に潜む真実を理解することはできない。情報は一つの現れであり、その背後に何があるのかを深く洞察しなければならないのである。なんと微妙なことか。間諜はあらゆる局面に活用できるのである。

情報を収集し、敵を攪乱《かくらん》するためには、間諜の活用が必須です。間諜は、他の士卒とは異なり、君主や将軍に直属し、最高の軍事機密を保有しながら特殊任務を担います。実際に戦闘行動があるかどうかにかかわらず、常に生命は危機にさらされます。匿名《とくめい》での活動のため、重要な働きをしても、世間に名を知られることはありません。闇《やみ》に生き闇に死んでいくのです。そうしたかれらの活躍を真に実りあるものとするためには、それを使う側にも厳しい条件が必要となるでしょう。

間事《かんじ》未《いま》だ発《はっ》せざるに而《しか》も先《ま》ず聞《き》こゆれば、間《かん》と告《つ》ぐる所《ところ》の者《もの》と皆死《みなし》す。

間事未レ発而先聞者、間与二所レ告者一皆死。

間諜の入手した情報がまだ自軍の中枢部に発表されないうちに、他の筋から先に情報がもれてきた場合には、その間諜と、間諜の情報を伝達してきた者とを死罪にする。

間諜は、特殊任務を担う者として最大限尊重されなければなりません。しかし、情報の漏洩《ろうえい》があった場合、その間諜の能力と信頼性とが疑われることになります。機密の保持に厳密さを欠いていたとか、意図的に情報をもらした恐れさえ考慮しなければなりま

せん。また、情報を入手した間諜とともに、そのもれた情報を伝達してきた者にも疑いの目を向ける必要があるでしょう。最悪の場合、かれらは敵の二重スパイである可能性すらあるからです。間諜には最大の報償を与える一方、情報漏洩に関しては、極刑をもって臨むのです。それほど、間諜の任務は重大なのです。

昔殷《むかしいん》の興《おこ》るや、伊摯《いし》夏《か》に在《あ》り。周《しゅう》の興《おこ》るや、呂牙《りょが》殷《いん》に在《あ》り。故《ゆえ》に惟《た》だ明君賢将《めいくんけんしょう》のみ、能《よ》く上智《じょうち》を以《もっ》て間者《かんじゃ》と為《な》して、必《かなら》ず大功《たいこう》を成《な》す。此《こ》れ兵《へい》の要《よう》にして、三軍《さんぐん》の恃《たの》みて動《うご》く所《ところ》なり。

昔殷之興也、伊摯在レ夏。周之興也、呂牙在レ殷。故惟明君賢将、能以二上智一為二間者一、必成二大功一。此兵之要、三軍之所二恃而動一也。

昔、殷の勃興《ぼっこう》したときには、伊摯《いし》（伊尹《いいん》）が間諜として敵国の夏に潜入した。周《しゅう》の勃興したときには、呂牙《りょが》（太公望呂尚《たいこうぼうりょしょう》）が敵国の殷に潜入した。だから英明な君主と賢明な将軍であってはじめて、すぐれた知恵者を間諜に任命して他国に送り込み、必ず大いなる功績をあげることができるのである。これこそ軍事の要枢《ようすう》であり、全軍がそれを信じて行動する拠《よ》り所なのである。

『孫子』は、戦争の本質を語る哲学の書です。具体的な事例・人名をあげて過去を振り返ることはしません。ただ、現行本『孫子』の最後をかざるこの一節は、例外的に殷周時代の功臣を取り上げています。「伊摯」とは、殷の湯王《とうおう》を助けた建国の功臣・伊尹、「呂牙」とは、周の文王《ぶんおう》に見いだされて周の建国に寄与した太公望呂尚です。かれらは特命を受け、間諜として敵国に侵入したと伝えられています。卓越した間諜の活躍こそが国家の勃興を助けるとされているのです。

▼用間篇の教訓

情報が力となり、人を動かす。

◆コラム13　戦いの神

古代中国で、戦争の神として尊崇されたのは、蚩尤《しゆう》という半獣半人の神様でした。蚩尤は、史上はじめて武器を作り、中華民族の始祖である黄帝《こうてい》に戦いを挑んだとされます。黄帝は、苦戦し、他の神々の助力をえてようやく勝利を収めました。敗れはしたものの、蚩尤の卓越した軍事的才能は高く評価され、戦争の神として信仰を集めたようです。秦《しん》の始皇帝《しこうてい》や漢《かん》の劉邦《りゅうほう》も、蚩尤を戦争の神として祭っています。

ところが、激動の世はやがて儒教の世界として統合されます。蚩尤は荒ぶる戦争神としての役割を失っていきました。蚩尤を戦争神ではないと明言する文献も現れました。

そして、これと入れかわるかのように、戦いの神として祭られるようになったのは、太公望呂尚《たいこうぼうりょしょう》（姜太公《きょうたいこう》、姜子牙《きょうしが》）です。また後に、孔子《こうし》に並ぶ信仰を集めたのは、武の神・関羽《かんう》（関帝・関聖帝君）でした。

太公望は、周の文王の師として知られる名臣です。渭水《いすい》でつりをしていた呂尚

（太公望はその号）を文王が見いだし、そのすぐれた才能に感激したそうです。つり好きの人を「太公望」と呼ぶようになるのは、この故事に基づきます。呂尚は周の文王の師をつとめました。兵法家として名をあげ、その功績によって斉《せい》に封ぜられます。今の山東省に位置する斉は、この太公望呂尚に起源を発する国で、春秋時代の桓公《かんこう》のときに覇者となりました。

唐代に入ると、太公望信仰はますます厚くなります。太公望は、全国に設置された「太公廟《びょう》」で、歴代の著名な武将や軍師とともに祭られ、「武成王《ぶせいおう》」「昭烈《しょうれつ》武成王」といった尊称が与えられました。蚩尤にかわり、戦いの神として尊崇されたのです。

黄帝（『集古像賛』）

蚩尤（後漢画像石）

一方、三国時代の英雄関羽は、仏教や道教の世界の中で神化の道をたどりました。妖怪《ようかい》蚩尤を退治する天界の神とされ、また、「三界伏魔大帝神威遠鎮天尊関聖帝君」という長い称号が示すとおり、妖怪・魔物・夷狄《いてき》などを攘《はら》うという民俗的・国家的な神格をも帯びて行きます。

そして清代には、武の神「忠義神武関聖大帝」として、文の神・孔子に並ぶ偉大な神となったのです。関羽、太公望に共通するのは、主君に忠誠を尽くす武神という性格でした。

このように、中国の戦争神は、太古の荒ぶる異形神から、「文」の統制下に置かれた「武」神へと変容していったのです。

関羽（『中国神仙画像集』）

太公望呂尚（『歴代古人像賛』）

「文」の国、中国ならではの戦いの神の変遷です。

◆三十六計

竹簡状に仕立てた『三十六計』

『三十六計』解説

『三十六計』の成立と伝来

南朝宋《そう》の時代の将軍・檀道済《たんどうさい》（?～四三六）は、三十六の計略を使い、特に、逃げるのを得意にしたそうです。

この故事に基づいて、明末清初（十七世紀半ば）の頃に編纂《へんさん》されたのが、『三十六計』という兵法書です。著者は分かっていません。『孫子』のような由緒ある兵書ではなかったため、しばらく顧みられることもありませんでした。いわゆる俗書として民間に伝わっていた程度です。

しかし、その内容は、中国兵法のエッセンスを、わかりやすい成語にまとめたもので、二十世紀になってから再評価されるようになりました。競争社会をいかに勝ち抜くか、人生をいかに実りあるものにするか、という観点から、中国では、多くの『三十六計』解説書が刊行されるようになりました。

『三十六計』の構造

『三十六計』は、まず、全体を「勝戦《しょうせん》の計」「敵戦《てきせん》の計」「攻戦《こうせん》の計」「混戦《こんせん》の計」「併《へい》戦《せん》の計」「敗戦《はいせん》の計」に六分類しています。

「勝戦の計」とは、自軍が優勢で、敵が劣勢な時に採用する計謀。「敵戦の計」とは、彼我《ひが》の戦力差がほとんどなく、優劣つけがたい時にとる計謀。「攻戦の計」とは、進攻中に勝ちをとるための計謀。「混戦の計」とは、戦局がめまぐるしく変わり、混戦状態にあるときにめぐらす計謀。「併戦の計」とは、他国と同盟を結んで戦うときの計謀。「敗戦の計」とは、劣勢の時に使う計謀。このように戦いの局面を大きく六つに区分するのです。

そして、それぞれが六つの計から構成されています。六かける六で、三十六計です。「六」の倍数となっているのはなぜでしょうか。それは、『周易《しゅうえき》』の理論が背景にあるからです。

易の卦《け》は陽爻《ようこう》⚊と陰爻《いんこう》⚋との組み合わせで構成されます。そして、陽爻は「九《きゅう》」、陰爻は「六《りく》」の数で表されます。たとえば、最初の乾《けん》の卦䷀の場合は、すべて陽爻です。

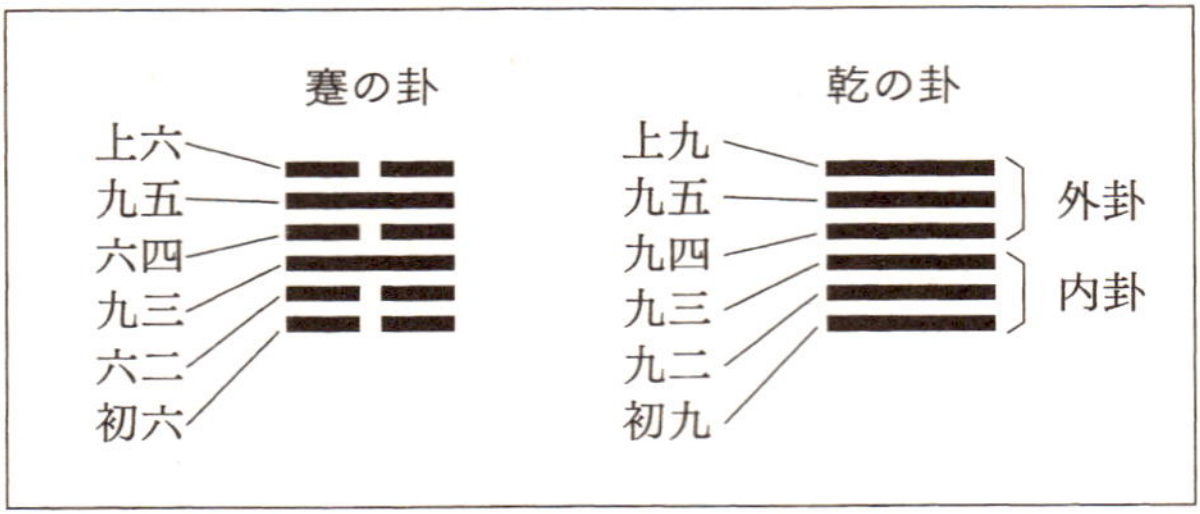

卦の呼称

それぞれの爻の呼び方は、下から順に「初九《しょきゅう》」「九二《きゅうじ》」「九三《きゅうさん》」「九四《きゅうし》」「九五《きゅうご》」「上九《じょうきゅう》」といいます。また、蹇《けん》の卦䷦の場合は、下から順に「初六《しょりく》」「六二《りくじ》」「九三《きゅうさん》」「六四《りくし》」「九五《きゅうご》」「上六《じょうりく》」と呼びます。

このように「六」は陰陽の内の陰を象徴する数で、「六」と「六」を掛け合わせた「三十六」は、究極の陰謀・計謀を意味しているのです。ちなみに、『周易』で陰の極致を表す卦は、六つの爻すべてが陰爻で構成されている坤《こん》の卦䷁です。

『三十六計』は、一計ごとに熟語を掲げた後、解（解説）をつけています。その解説の中にも、しばしば、この易のことばが援用されています。

この本では、まず、四字または三字で表された成語の意味を簡潔に説明しましょう。そして、その成語のもとになった故事や出典がある場合には、それを紹介します。

その後、各計の[解]を書き下し文で示した後、その意味を説明します。ここでも、関連する故事や『孫子』との関係などにふれてみます。『孫子』とはまた違った角度から、中国兵法のエッセンスを知ることができるでしょう。

なお、テキストについては、『中国兵書集成』第四十冊（《中国兵書集成》編委会編、解放軍出版社、遼沈書社、一九九四年）所収の『三十六計』を使用しました。これは、中国人民解放軍政治学院図書資料館蔵抄本の影印本で、現在、『三十六計』を読む際に、最も基本とされているテキストです。

一　勝戦の計

自軍が優勢で、敵が劣勢な時に採用する計謀。

❖第一計「瞞天過海《まんてんかかい》」（天《てん》を瞞《あざむ》きて海《うみ》を過《わた》る）

白昼堂々、天子を欺《あざむ》いて海を渡る。

昔、唐の太宗《たいそう》が高麗《こうらい》に遠征した際、海を怖《こわ》がって乗船を拒みました。そこで張士貴《ちょうしき》という者が一計を案じます。巨大な船に土を盛り、家まで作ってしまったのです。皇帝が安心している間に巨大な船は海を渡り、高麗に到着したそうです。明の時代の百科全書『永楽大典《えいらくたいてん》』に記された故事で、大きな奇策ほど有効という意味を表します。

解　備《そな》え周《あま》ねければ則《すなわ》ち意怠《いおこた》り、常《つね》に見《み》れば則《すなわ》ち疑《うたが》わず。陰《いん》は陽《よう》の内《うち》に在《あ》り、陽《よう》の対《つい》に在《あ》らず。太陽《たいよう》は、太陰《たいいん》なり。

備周則意怠、常見則不レ疑。陰在ニ陽之内一、不レ在ニ陽之対一。
太陽、太陰。

周到な準備に安心していると逆に怠慢の気持ちが生じ、なんども同じものを見ていると疑わなくなる。陰は陽の中に内在しているのであり、陽の対極に存在するのではない。大いなる陽の中に、実は大いなる陰が潜んでいるのである。

三国時代、孔融《こうゆう》が黄巾賊《こうきんぞく》に城を囲まれたとき、知将の太史慈《たいしじ》（一六六～二〇六）は一計を案じました。『三国志』呉書・太史慈伝に次のような故事が記されています。

太史慈は、弓を携《たずさ》え、わずか二騎を従えて城下の塹壕《ざんごう》の中に入り、部下に持たせた的を射《い》ました。賊はみな驚き、馬を引き出して警戒します。しかし、太史慈は射終わるとさっさと城内に帰っていきました。翌日もまた同じことを繰り返しますが、城を囲んでいた賊は、ある者は立ち上がり、ある者はねそべったままというありさまでした。三日目の朝も同じことの繰り返し。賊はまたかと思い、起き上がる者はいませんでした。その虚をついて太史慈は、馬にむち打って囲みを突破。賊が気づいた頃には数里の彼方《かなた》にありました。こうして孔融の軍は救援を求めることに成功したのです。

人の心理とは不思議なものです。はじめは極度に警戒していても、視覚的な慣れが、大きな油断を生んでしまうのです。だから、「瞞天過海」の計を用いるときは、大胆すぎるほどの仕掛けが必要です。相手がまさかと思うような演出をするのです。

❖第二計「囲魏救趙《いぎきゅうちょう》」（魏《ぎ》を囲《かこ》みて趙《ちょう》を救《すく》う）

充実した敵兵力を避け、敵の後方を攻撃する形勢を示して、敵兵力の分断を図る。

戦国時代、趙《ちょう》国の都・邯鄲《かんたん》が魏国に攻撃されました。趙は同盟国の斉《せい》に救援を求めます。斉の救援軍が邯鄲に向かう、と誰もが思いました。しかし、斉の軍師孫臏《そんぴん》は邯鄲に兵を差し向けようとはしません。なんと、魏の都・大梁《たいりょう》を包囲する形勢を示したのです（次頁地図参照）。魏は邯鄲を包囲しているどころではありません。本国の都が陥落するかもしれないのです。ただちに魏軍は兵力を分割して帰国します。その途上、道の両側に高い崖《がけ》が迫った桂陵《けいりょう》の地。ここに孫臏の指示を受けた斉の伏兵が待ちかまえていたのです。魏軍は伏兵の一斉射撃により全滅。趙は救われました。孫臏はこの戦いで一躍軍師としての名をあげます。『史記』孫子呉起《ごき》列伝に記載された故事です。

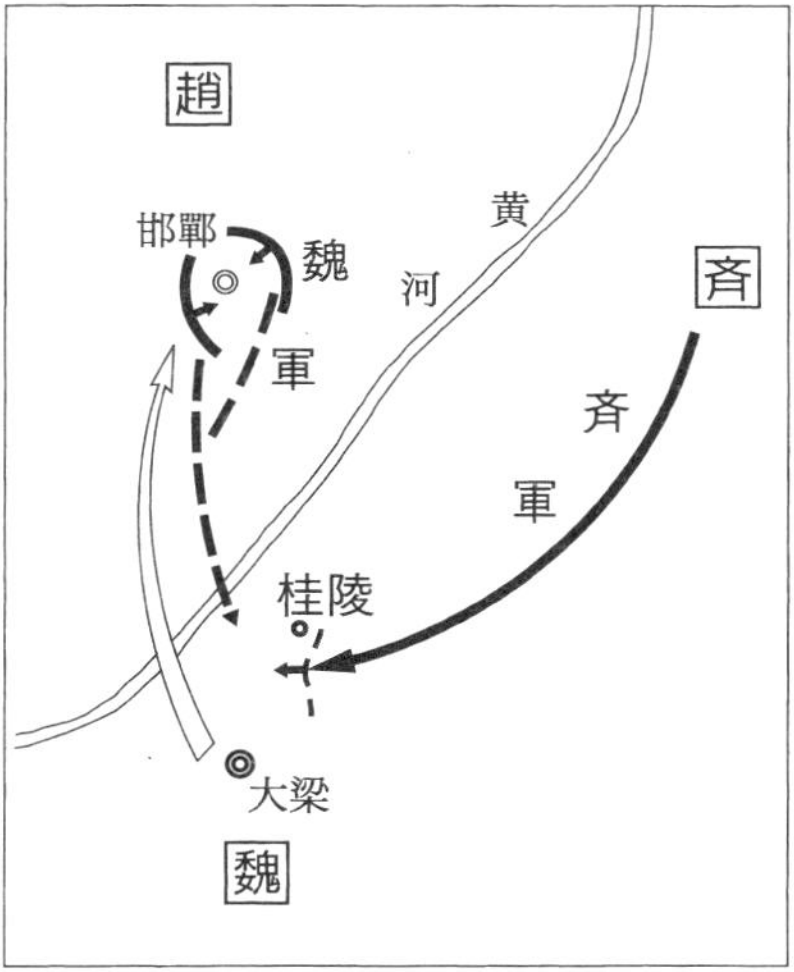

「囲魏救趙」図

解 敵《てき》を共《とも》にするは敵《てき》を分《わ》かつに如《し》かず。敵《てき》の陽《よう》なるは敵《てき》の陰《いん》なるに如《し》かず。

共レ敵不レ如レ分レ敵。敵陽不レ如ニ敵陰一。

敵兵力を結集させるよりは分散させるのが上策である。敵の陽（充実）ではなく陰（空虚）をつく。

充実した敵を避け、敵の虚をつく。敵兵力を分散させることによって、こちらの優位を図るという意味です。『孫子』虚実篇に「夫れ兵の形は水に象《かたど》る。水の行くは、高きを避けて下に趨《おもむ》く。兵の形は、実を避けて虚を撃つ」（九三頁参照）とありました。いかにこちらが優勢であるとはいえ、正面対決は避けなければなりません。自軍の兵力損傷も免れがたいからです。敵兵力が充実しているときはなおさらです。その兵力をいかに分散させるかを考えるのです。その上で、できるだけ手薄なところを撃ち、労せずして勝利を得る。そのための方策が「囲魏救趙」です。

❖第三計「借刀殺人《しゃくとうさつじん》」（刀《かたな》を借《か》りて人《ひと》を殺《ころ》す）

自ら直接手を下すことなく、第三者に敵を攻撃させる。

この計には二つの利点があります。まず、第三者の力を借りることにより、自軍の兵力をそのまま温存できます。第二に、仮にその作戦が失敗しても、自軍が直接手を下していないことを理由に、第三者に責任を転嫁できるのです。

敵已明、友未レ定、引レ友殺レ敵、不ニ自出レ力。以レ損推演。

解 敵已《てきすで》に明《あき》らかにして、友未《ともいま》だ定《さだ》まらざれば、友《とも》を引《ひ》きて敵《てき》を殺《ころ》さしめ、自《おのず》から力《ちから》を出《い》ださず。損《そん》を以《もっ》て推演《すいえん》す。

敵がすでに戦闘行動を開始しているのに、友軍《ゆうぐん》がまだ去就《きょしゅう》を決定していない。このような状況であれば、友軍を引き出して敵を殺させ、自らは戦力を発動しない。これは、『周易』損《そん》卦の原理を応用したものである。

ここに言う「損」とは、『周易』のことば「下《しも》を損《そん》して上《かみ》を益《ま》す」を指します。もともとは、下（たとえば臣下）が犠牲となって、上（君主）の利益となるようにする、というような意味です。

ただ、ここでは、その応用として次のように理解されます。「損」の卦䷨は、上下を逆転させると「益」の卦䷩に変化します。このように、自軍の戦闘力を直接発動しない行為は一見「損」に感じられますが、他者を利用することによって、形勢を逆転し、最終的な「益」を得るのです。

意外にも、この計は、孔子の弟子・子貢《しこう》の故事として知られます。春秋《しゅんじゅう》時代の終わり頃、斉《せい》の簡公《かんこう》は、魯《ろ》を撃つために挙兵しました。魯は孔子学団の根拠地。軍事的にはとても斉にはかないません。そこで子貢は、斉に使者として赴き、斉の大夫《たいふ》田常《でんじょう》に、「小国の魯などを撃つより大国の呉《ご》を撃つ方が、あなたの功績として高く認められるでしょう」と説得します。

続いて子貢は呉に赴き、斉を攻撃するよう要請します。呉王は「隣国の越《えつ》と抗争中だから」と難色を示しますが、子貢は、「自分が越に赴き、越に斉討伐の軍に従うよう進言します」と約束し、呉の挙兵をとりつけます。

さらに子貢は、晋《しん》に赴き、「今、斉と呉が戦争しようとしていますが、もし斉が勝てばその勢いで晋に迫ってくるかもしれませんよ」と警告し、斉への迎撃《げいげき》態勢をとるよう進言します（一七頁春秋時代地図参照）。

子貢像（『聖廟祠典図考』）

こうして四カ国を股《また》にかけた子貢の外交工作は終わり、準備が整いました。はたせるかな、呉と斉は戦闘状態に突入。呉は斉に敗れ、隣国の越に滅ぼされてしまいます。勝った斉はその勢いで晋に迫ります。しかし、子貢の進言を受けて待ちかまえていた晋が、その斉を見事に打ち破りました。

子貢は、魯の軍隊を一兵たりとも動かすことなく、危機が迫っていた魯を存続させ、斉を乱し、呉を破り、晋を強くし、越を覇者としたのです。「借刀殺人」の典型的な事例といえるでしょう。

❖第四計「以逸待労《いいつたいろう》」（逸《いつ》を以《もっ》て労《ろう》を待《ま》つ）

安逸《あんいつ》（休養を取り安楽）な状態でもって、疲労した敵を待ち、攻撃を仕掛ける。

この計は、『孫子』のことばをもとにしています。『孫子』軍争篇に、「近きを以て遠きを待ち、佚《いつ》を以て労を待ち、飽《ほう》を以て飢《き》を待つ。此《こ》れ力を治《おさ》むる者なり（こちらは近くに布陣して、遠征してくる敵軍を待ち、こちらは余裕のある状態で、疲労した敵を待ち、こちらは満腹な状態で、敵の飢えを待つ。これが力を修める方法だ)」とあります。

具体的な戦例としては、『史記』王翦《おうせん》列伝に記された次のような話が有名です。

秦《しん》の始皇帝《しこうてい》に仕えた将軍王翦は、六十万の大軍を率いて荊《けい》(楚)を撃つことになりました。荊は、王翦を警戒して、国中の兵力を動員し、秦の侵攻に備えます。しかし遠征してきた王翦は、陣の塁壁を堅固にするばかりで、いっこうに打って出ようとしません。長距離を進軍してきた士卒を充分に休養させ、食糧を与えて手厚くねぎらったのです。こうしてしばらくたってから、王翦は、陣中の兵士の様子をたずねました。すると、兵士はみな力をもてあまし、石を投げたり、跳んだりはねたりという様子。そこで、王翦は、士卒が充分に体力を整え、気力も充実していると実感し、ようやく戦闘に突入します。荊軍は、秦の軍隊がいっこうに出てこないので前線から引き上げようとしているところでした。王翦軍は、これを追撃。大勝利の末、ついに荊の将軍項燕《こうえん》を打ち破ったのです。「以逸待労」の成功例でしょう。

解　敵《てき》の勢《せい》を困《くるし》めて、以《もっ》て戦《たたか》わず。剛《ごう》を損《そん》して　　困二敵之勢一、不二以戦一。損レ剛柔《じゅう》を益《ま》す。　　益レ柔。

敵兵力が充実しているときには、その勢いをとどめて、戦闘行動を起こさない。剛強《ごうきょう》な敵の勢いをそいで、柔弱《じゅうじゃく》な自軍の勢いを増強させる。

「剛を損して柔を益す」も、前計の「借刀殺人」の「損」と同じく、『周易』損卦のことばです。こちらが「損」、相手が「益」では戦いになりません。精神的にも肉体的にも充分な余裕を持って、疲労した敵にあたるのです。もし敵に余裕があるようなら、安易に打って出ず、相手の勢いをそぐような手だてを考えなければなりません。

また、「以逸待労」の計を仕掛けられないようにするためには、なんと言っても先手をとることとです。ずるずると長期戦にまき込まれては、士気も次第に衰えていきます。

❖第五計「趁火打劫《ちんかだきょう》」（火《ひ》に趁《つけこ》んで打劫《だきょう》す）

火事場の混乱につけこんで泥棒を働く。

「趁」はつけこむ、「劫」はおしこみ、強盗の意。「打」は動作を行う意。兵力に圧倒的な差があり、敵が弱体化しているときには躊躇《ちゅうちょ》なく一気に攻める。典型的な「勝戦の計」です。

戦国時代の末期、有名な呉《ご》と越《えつ》の戦争で、越が呉を滅していく様子は、まさに「趁火打劫」でした。越王句践《こうせん》は、臥薪嘗胆《がしんしょうたん》して呉の打倒をめざします。なんども挙兵しようとしますが、軍師の范蠡《はんれい》に時期尚早と諫《いさ》められます。しかし、前四八二年、呉王は北上して晋・魯などの諸国と会盟《かいめい》を行います（黄池《こうち》の会）。呉の精鋭兵はすべてこの会盟に従軍し、国内はすっかりからとなっていました。このとき、ようやく范蠡は「時期の到来です」と句践に告げます。句践は精鋭部隊を率いて呉に進攻。呉軍を破り、留守を守っていた太子を殺しました。知らせをきいた呉王は越に使者を派遣し、講和を求めます。

その四年後、越は再び呉の攻伐にとりかかります。呉は、先年の大敗ですっかり疲弊しており、優秀な士卒も他国との抗争でほとんど戦死していました。越は呉をさんざんに打ち負かし、そのまま呉に駐屯。三年間、呉の都を包囲した後、とうとう呉を降したのです。

解 敵《てき》の害大《がいだい》なれば、勢《せい》に就《つ》きて利《り》を取《と》る。剛《ごう》の柔《じゅう》を決《けつ》するなり。

敵之害大、就レ勢取レ利。剛決レ柔也。

敵の損害が大きい場合には、その形勢に乗じて一気に利益を取る。剛強な者が柔弱な者を圧倒するのである。

「剛の柔を決するなり」は、『周易』夬《かい》卦のことばです。夬は決断、押し切るの意。類義語として、「乗《じょう》火打劫」「趁哄《ちんこう》打劫」なども使われます。「哄」は騒乱の意です。

この計謀を仕掛けられないようにするには、「火」だねを消さなければなりません。つけこまれる火種があると敵はそれに乗じてきます。弱い者ほど、戸締まりを厳重にし、火元を確認し、一致団結して事にあたらなければなりません。

❖第六計「声東撃西《せいとうげきせい》」（東《ひがし》に声《こえ》して西《にし》を撃《う》つ）

東を攻めるように見せかけて声を上げ、実は西を攻める。

典型的な陽動作戦です。実態とは逆の偽形《ぎけい》を敵に示し、敵の混乱を誘った上で、手薄になったところを撃《う》つ。唐の杜佑《とゆう》の『通典《つてん》』兵六に「声《こえ》、東を撃つと言いて、其《そ》の実《じつ》は西を撃つ」と見えます。

[解] 敵志乱萃《てきしらんすい》して、虞《はか》らざるは、坤下兌上《こんかだじょう》の象《しょう》。其《そ》の自《みずか》ら主《つかさ》どらざるを利《り》して之《これ》を取《と》る。

敵志乱萃、不㆑虞、坤下兌上之象。利㆔其不㆓自主㆒而取㆑之。

敵の意志が乱れて雑然とし、思考力を欠いているのは、下（内卦）が坤で、上（外卦）が兌で構成される萃《すい》卦 ䷬ の象である。自主的判断ができないさまに乗じて敵に打ち勝つのである。

この[解]のことばは、『周易』萃卦に基づく解説です。そこに、「乃《すなわ》ち乱れ、乃ち萃《あつ》まる。其の志《し》、乱《みだ》るるなり（とり乱したり、合うべきでない相手とくっついたりするのは、その意志が乱れているのである）」とあります。これは一見、「声東撃西」の解説になっ

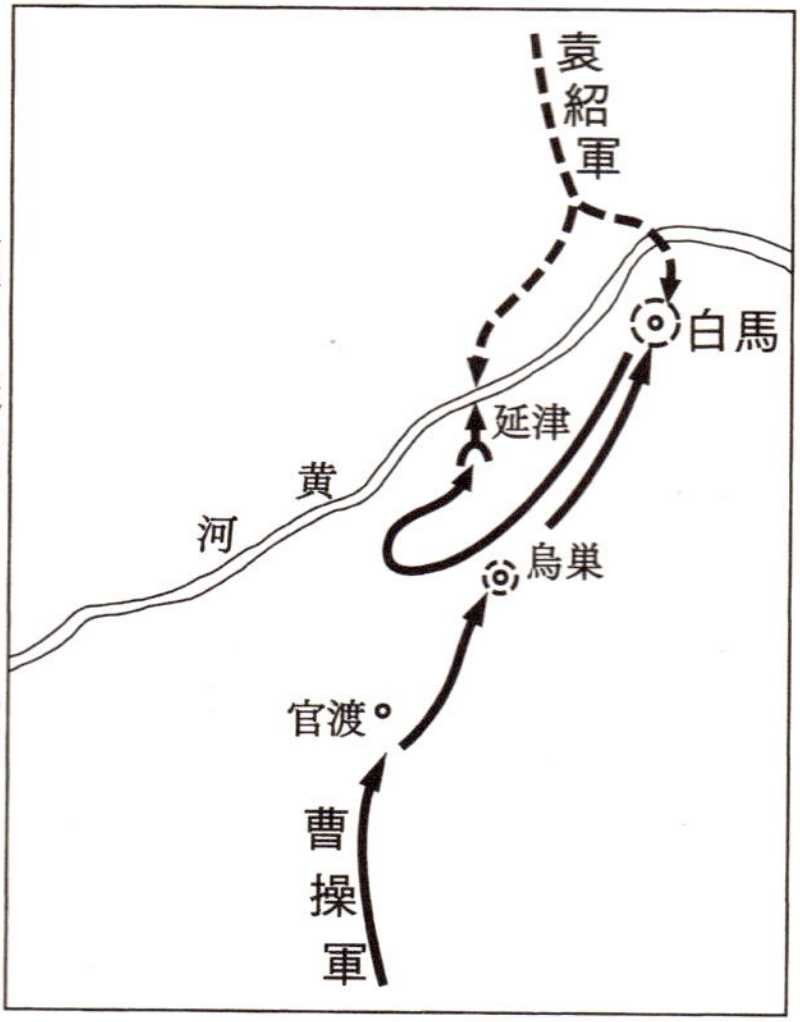

「官渡の戦い」図

ていないようにも感じられるでしょう。しかし、「声東撃西」が成功するかどうかは、まず敵の統制力が低下していることが前提となります。敵が烏合《うごう》の衆と化し、右往左往していてはじめて、こうした陽動作戦が功を奏するのです。

　この計の成功例としては、三国時代の荀攸《じゅんゆう》の名をあげるべきでしょう。曹操《そうそう》が袁紹《えんしょう》と戦った「官渡《かんと》の戦い」。曹操軍は前線基地である白馬《はくば》を包囲されてしまいました。荀攸は進言します。「白馬の救援に向かってはなりません。手前の延津《えんしん》に向かい、黄河を渡って袁紹の陣を攻撃する形勢を示すのです。敵は必ず迎撃のため、兵力を分散して延津にかけつけるでしょう。その隙《すき》に白馬に向かい、敵を撃つのです」と（地図参照）。この陽動作戦が成功し、曹操は、白馬の包囲網を突きくずしました。

一方、「声東撃西」の計にかからないようにするためにはどうしたらよいでしょう。それは、『孫子』九地篇に見える「常山《じょうざん》の蛇」（一四七頁参照）のような連係運動を行うことです。東が攻撃されるとすぐに西の部隊が救援にかけつけ、西が攻撃を受けても東の部隊が即座に救援に向かう。このような緊密な連係が、敵の陽動作戦を阻止するのです。

二　敵戦の計

彼我《ひが》の戦力差がほとんどなく、優劣つけがたい時にとる計謀。

❖第七計「無中生有《むちゅうせいゆう》」（無中《むちゅう》に有《ゆう》を生《しょう》ず）

無の中に有を生ずる。虚《きょ》を実《じつ》に見せかけ、敵の判断を狂わせる。

ここからは、敵・味方の力が匹敵《ひってき》している際の計謀です。第一部の「勝戦の計」とは異なり、必ずしもこちらの勢力が敵にまさっているわけではありません。奇策の発動がより重要になってきます。この「無中生有」は、実力伯仲というよりは、むしろ、こちらの力がやや劣っている場合を想定した計謀でしょう。

解 **誑《あざむ》くなり。誑《あざむ》くに非《あら》ざるなり。其《そ》の誑《あざむ》く所《ところ》を実《じつ》にするなり。少陰《しょういん》、太陰《たいいん》、太陽《たいよう》。**

誑也。非レ誑也。実ニ其所レ誑也。少陰、太陰、太陽。

敵を欺《あざむ》くのである。しかし、いつまでも欺くわけにはいかない。当面、敵を牽《けん》制《せい》しておきながら、偽《いつわ》りの虚形をついには実に転ずるのである。小さな陰（欺き、陰謀）は、大きな陰となり、ついには大きな陽（実体）となる。

こちらに充分な兵力の備えがないのに、その実態をさらしてしまえば、敵は満を持して攻撃してくるでしょう。そこで、こちらは、あたかも充実した兵力があるかのように見せかけるのです。たとえば、たくさんの竈《かまど》を炊いたり、多くの旗指物《はたさしもの》を立てたりして、兵の数が多いように見せかけるという方法が考えられます。敵はその「形」に惑わされ、安易には攻めてこないのです。しかし、そのままでは、いつか偽形《ぎけい》は暴《あば》かれてしまいます。敵を牽制している間を利用して、兵力の充実を図るのです。

なお、「無中生有」ということば自体は、『老子』第四十章にも、「天下の万物《ばんぶつ》、有《ゆう》より生《しょう》じ、有は無《む》より生ず」と、似た表現が見えます。ただし、『老子』が説くのは万物《ばんぶつ》生成論《せいせいろん》です。世界の事物は形あるもの（有）から生じているが、その有は形なきもの（無）を本源として生まれてくる、という意味です。

これに対して、兵書で「有」「無」の関係を明快に説いたものに、『尉繚子《うつりょうし》』があります。戦国時代の兵法家尉繚《うつりょう》の思想をまとめたとされる『尉繚子』の戦権篇に、「有《ゆう》は之《これ》を無《む》にし、無は之を有にす」ということばがあります。実態とは逆の偽形を敵に示す、という意味です。この内の後半の句が「無中生有」にあたるでしょう。

❖第八計「暗渡陳倉《あんとちんそう》」（暗《ひそ》かに陳倉《ちんそう》に渡《わた》る）

敵の注意を他の地点に引きつけておいて、ひそかに別の地点で目的を達成する。

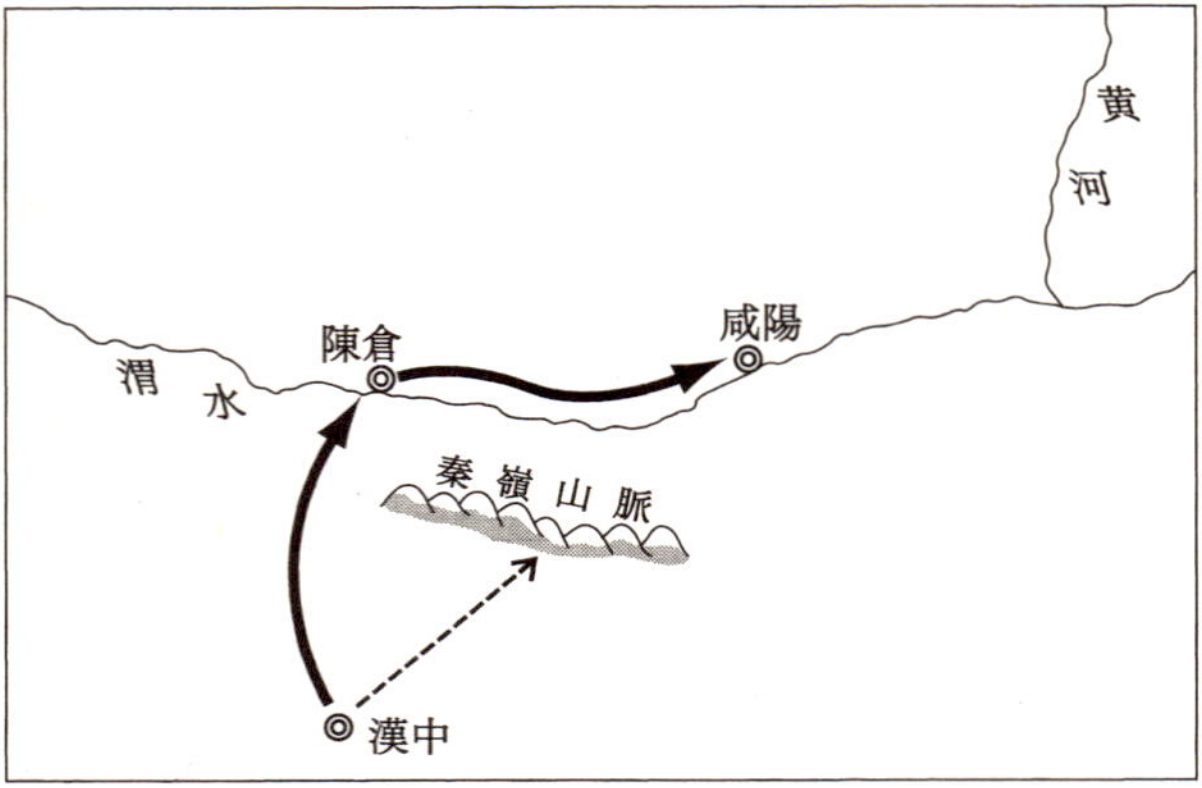

「暗渡陳倉」図

前漢の武将韓信《かんしん》（高祖劉邦《りゅうほう》の功臣）の故事として知られる成語です。「明らかに桟《さん》道《どう》を修《おさ》め、暗《ひそ》かに陳倉に渡る（明修桟道、暗渡陳倉）」と熟して使用されます。

『史記』の淮陰侯《わいいんこう》列伝によれば、秦《しん》末の興亡の後、有名な鴻門《こうもん》の会を経て、劉邦は、項羽《こうう》によって漢中《かんちゅう》の地に退けられました。その後、劉邦は、項羽を撃つため韓信を大将軍に任命します。項羽の拠点である関中《かんちゅう》（咸陽《かんよう》・長安のある地）へ最短距離で到達するには、秦嶺《しんれい》山脈にかかる桟道（吊《つ》り橋）を渡る必要があります。そこで韓信は、あからさまにこの桟道の修復工事にとりかかりました。敵は、韓信の軍がこの桟道をわたって直進してくるものと思い、その方面の守りを固めました。すると韓信は、ひそかに秦嶺を大きく迂回《うかい》して渭水《いすい》を渡り、敵の要衝の地である陳倉に上陸。撃破したのち、関中を平定したのです（地図参照）。

つまり、「暗渡陳倉」とは、直進運動によって正面攻撃を仕掛けるという偽形を示しておいて、ひそかに迂回進攻することをいうのです。

解 **之《これ》に示《しめ》すに動《どう》を以《もっ》てし、其《そ》の静《せい》にして主有《しゅあ》るを利《り》す。益《えき》は動《うご》きて巽《したが》う。**

示レ之以レ動、利ニ其静而有一レ主。
益動而巽。

明確な行動を敵に示し、静かに別の目的を達成する。利益は行動によって得られるのである。

『周易』の益《えき》卦に、「益《えき》は動きて巽《したが》い、日に進むこと疆《かぎ》り无《な》し」とあります。行動が、限りない利益を生むという意味です。解のことばはこれに基づいています。

ただ、この行動とは、単なる迂回を指すのではありません。正面攻撃を仕掛ける形勢を敵にあからさまに示し、注意を引きつけておくことが大前提となります。陽動作戦という意味では、第六計の「声東撃西」にも似ています。ただ、「暗渡陳倉」には、偽形を示した上での迂回、遠回りという要素が加わっています。

一方、この計を未然に防ぐにはどうしたらよいでしょうか。相手があまりにもあからさまな行動を取るときは要注意です。裏で何か別の計画が進行しているのではないかと疑ってみる必要もあるでしょう。

❖第九計「隔岸観火《かくがんかんか》」（岸《きし》を隔《へだ》てて火《ひ》を観《み》る）

対岸の火事を観察する。

両軍が川をはさんで対峙《たいじ》している時、自軍は軽率に動かず、敵の様子を冷静に観察する、という意味です。敵が混乱し、まさに火事場のような状況となれば、こちらが手を下さなくても、敵は自滅するでしょう。そのような時は、下手に行動を起こさず、事の成り行きをじっと見守るのが大切です。

『孫子』軍争篇に「治《ち》を以《もっ》て乱《らん》を待ち、静《せい》を以て譁《か》を待つ」とあります。整然とした軍隊で、混乱した敵の来襲を待ちかまえ、冷静な態度で、騒々しい敵の崩壊を待つという意味です。『孫子』はこれを、「敵の心を奪い取る方法」だとしています。

解 陽乖《ようはな》れ序乱《じょみだ》るれば、陰《いん》以《もっ》て逆《ぎゃく》を待《ま》つ。暴戻《ぼうれい》恣睢《しき》は、其《そ》の勢《せい》自《みずか》ら斃《たお》れん。順《じゅん》以《もっ》て動《うご》くは豫《よ》、豫《よ》は順《じゅん》以《もっ》て動《うご》く。

陽乖序乱、陰以待レ逆。暴戻恣睢、其勢自斃。順以動豫、豫順以動。

本来隠しておくべき敵の内部抗争が明らかになり、秩序が乱れれば、こちらはそれを静観して、敵に異変が起こるのを待つ。抗争、暴動、自分勝手なふるまいを続けていれば、やがてその勢力は自滅への道をたどる。理に順応して動くのが豫である。豫は理に順《したが》って動く。

最後の二句は、『周易』豫《よ》卦のことばです。この卦は、意志がとげられる象《しょう》で、「侯《きみ》を建《た》て師《いくさ》を行《や》る（君主を擁立し、戦争を行う）」にもよい兆しであるとされます。

なお、同じ「火」の語を持つ計として、第五計の「趁火打劫《ちんかだきょう》」との関係も注目されます。相手の火事につけこんで一気に打倒するという「趁火打劫」は、こちらが明らかに有利なときに使う計謀です。これに対して、この「隔岸観火」は「敵戦の計」。勢力が拮抗《きっこう》しているときを前提にしています。そのような時は、下手に火の中に飛び込むのは危険です。静観することも、大切なのです。

また、事の成り行きをじっと見守り、最後に利を得るという点では、成語「漁夫《ぎょふ》の利」にも似た性格を持っていると言えるでしょう。

❖第十計「笑裏蔵刀《しょうりぞうとう》」（笑《わら》いの裏《うら》に刀《かたな》を蔵《かく》す）

顔は笑っているが、実は、刀を隠し持っている。内心を隠して、敵の油断を攻める。

唐の李義府《りぎふ》という人物にまつわることばです。『旧唐書《くとうじょ》』李義府伝によると、李義府は温厚な人物で、人と話をするときにも笑顔を絶やさなかったそうです。ところが、実は、きわめて陰険邪悪な心の持ち主でした。宰相に抜擢《ばってき》され、権力を得たとたん、自分のとりまきになるよう他人に強要し、もし意に逆らうものがいれば、容赦なく陥《おとし》れました。そこで当時の人々は「義府は笑中《しょうちゅう》に刀有り」と恐れたといいます。

解 **信《しん》にして之《これ》を安《やす》んじ、陰《ひそ》かに以《もっ》て之《これ》を図《はか》る。備《そな》えて後《のち》に動《うご》き、変有《へんあ》らしむること勿《な》かれ。中《うち》を剛《ごう》にして外《そと》を柔《じゅう》にするなり。**

信而安レ之、陰以図レ之。備而後動、勿レ使レ有レ変。剛レ中柔レ外也。

敵に信頼を示して安心させ、ひそかにはかりごとをたくらむ。十分に準備をした後に動き、変化があったと思わせてはならない。内実を峻厳《しゅんげん》にして、外面は穏やかにしておくのである。

『孫子』行軍篇に、「辞卑《じひ》くして備《そな》えを益《ま》す者は進むなり。辞強くして進駆《しんく》する者は退《しりぞ》くなり」（二二一頁参照）とありました。敵の使者がことばを低くして守備に専念しているように見せているのは、実は進撃の準備をしているのである。逆に、高圧的な口調でいかにも進撃しそうに見せているのは、実は退却の準備をしているのである、という意味です。外形は内実と正反対である場合が多いと言っているのです。

「笑裏蔵刀」は、仕掛けられる側から言えば、相手の穏やかな表情にごまかされてはならないという教訓になります。また仕掛ける側から言えば、「刀」を使う前に、敵を笑いで油断させるという意味になるでしょう。厳《いか》つい顔で武力をちらつかせれば、敵はそれに備えます。こちらが笑っているからこそ、敵は油断するのです。

❖第十一計「李代桃僵《りだいとうきょう》」（李《すもも》、桃《もも》に代《か》わりて僵《たお》る）

少しの犠牲を覚悟して大きな利益を取る。

もともとは、李《すもも》の樹が桃の代わりに虫の害にあって倒れることを言い、兄弟間の愛を意味していました。『楽府詩集《がふしゅう》』鶏鳴《けいめい》に「李樹《りじゅ》、桃《もも》に代《か》わりて僵《たお》る」とあります。

後に、誰かが誰かの身代わりになる、あるいは、「肉を切らせて骨を断《た》つ」「損して得《とく》取れ」という意味を表すようになりました。

解　勢《いきお》い必《かなら》ず損有《そんあ》り、陰《いん》を損《そこな》いて以《もっ》て陽《よう》を益《ま》す。　勢必有レ損、損レ陰以益レ陽。

形勢には必ず損失が出るという局面もある。そのようなときには、多少の損害は覚悟して、大局的な利益を獲得するようにつとめる。

『史記』には、戦国時代の軍師孫臏《そんぴん》の伝記が記されています。その中で、孫臏の馬比《うまくら》べの策は見事です。

斉《せい》の将軍田忌《でんき》に客分として待遇を受けた孫臏は、斉の公子たちと騎射《きしゃ》の賭《かけ》をしていた田忌に、ちょっとした知恵を授けます。馬比べは三度の勝負によって決まります。孫臏は、三頭の馬に、上中下の走力の差があると見抜きました。そこで、「あなた（田忌）の下等の馬を相手（公子）の上等の馬と対戦させなさい。そして、あなたの上等の馬を相手の中等の馬に、あなたの中等の馬を相手の下等の馬にぶつけるのです」と。つまり、一つの負けを覚悟の上で、残りの二勝を得ようというのです。孫臏の予測通り、結果は二勝一敗で、田忌は賭に勝ちました。そこで、田忌は孫臏の軍師としての才能を見いだし、斉の威王《いおう》に推挙したということです。

損害と利益。この見きわめが肝心です。損害を出さないという気持ちは大切です。しかし、それにこだわるあまり、大局を見失ってはなりません。一番重要なのは、全体としての利益であり、最終的な成果です。

❖第十二計「順手牽羊《じゅんしゅけんよう》」（手《て》に順《したが》いて羊《ひつじ》を牽《ひ》く）

勢いに乗じて、ついでに他人のものを盗む。

たまたま手にふれた縄を引いたら羊がついてきたと羊泥棒が強弁した、という故事に基づく語。敵の隙《すき》を見つけたら、知らぬふりをして手当たり次第にかすめ取るという意味です。

明代の『草廬経略《そうろけいりやく》』という兵書に、「或《ある》いは朝《あした》、或いは暮《くれ》、敵の隙を伺《うかが》い、間《かん》に乗《じょう》じて勝ちを取る」（游兵《ゆうへい》篇）とあります。遊撃部隊は、朝な夕なに敵の隙をうかがい、それに乗じて勝ちを得るというのです。『孫子』にも、「隙」という語は見えていました。

ただ、『孫子』では、敵の手薄なところを意味する場合には、主に「虚」ということばが使われています。『草廬経略』は、それをより明快に「隙」の語で説いているのです。

解　**微《び》隙《げき》在《あ》るは必《かなら》ず乗《じょう》ずる所《ところ》。微《び》利《り》在《あ》るは必《かなら》ず得《う》る所《ところ》。少《すこ》しく陰《いん》、少《すこ》しく陽《よう》。**

微隙在所二必乗一。微利在所二必得一。少陰、少陽。

かすかな隙があれば、必ずそれに乗ずる。わずかでも利益があれば、必ず奪い取る。小さな失態につけこんで、小さな勝利を得る。

ここに美学はありません。とにかく手当たり次第に利益を得ていくという姿勢が重視されています。ただし、相手に隙があるから盗めるのです。

隙が生じやすいのは、特に、大軍が動員されたときです。命令が末端までとどきにくく、統制がとれません。こちらはその隙に乗じて、こつこつと小さな勝利を重ねていくのです。これには必ずしも強大な軍事力を必要としないでしょう。

三　攻戦の計

進攻中に勝ちをとるための計謀。

❖第十三計「打草驚蛇《だそうきょうだ》」（草《くさ》を打《う》ちて蛇《へび》を驚《おどろ》かす）

いくつかの意味があります。

（1）敵の状況がよくわからないときは、軽率な行動をとらず、まず十分に敵軍の配置や作戦について探りを入れ、相手の反応を待ってから実行に移す。
（2）不用意な行動のため、敵に知られるところとなり、予防策をとられてしまう。余計なことをして敵に感づかれる。
（3）ある人を懲戒して別の人に警告する。

解 疑《うたが》わば以《もっ》て実《じつ》を叩《たた》き、察《さっ》して後動《のちうご》く。復《ふく》す

疑以叩レ実、察而後動。復者、

るは、陰《いん》の媒《ばい》なり。

陰之媒也。

敵の状況について疑念があるときには、偵察《ていさつ》してその実態を明らかにし、充分に敵の実態を察知した後、行動に移る。偵察を繰り返し行うのは、隠れた敵を明らかにする媒介（手段）である。

（1）が最もよく使われる意味です。「打草」がこちらの偵察または挑発《ちょうはつ》行為、いわゆる「探りを入れる」こと。「驚蛇」が敵の反応（実態の暴露）という意味になります。北宋《ほくそう》の李筌《りせん》の『虎鈐経《こけんけい》』という兵書に、「彼《か》の動静を観《み》て後《のち》挙《あ》ぐ」（敵の動静をよく観察してから挙兵する）とあるとおりです。

（2）の場合は、「打草」がこちらの軽率な行為、「驚蛇」が敵の対策。いわゆる「やぶへび」の意。（3）の場合は、「打草」がある人への懲戒、「驚蛇」が別の人への警告。もちろん、「驚蛇」が最終的な目的です。後に述べる第二十六計の「指《し》桑罵《そうば》槐《かい》」も、ある人への懲戒が他の人への警告になるという点では、これに近い意味を表しているでしょう。

❖第十四計「借屍還魂《しゃくしかんこん》」（屍《しかばね》を借《か》りて魂《たましい》を還《かえ》す）

人の死体を借りて生き返る。

古代中国の霊魂《れいこん》観念を前提としています。人は死ぬと魂《こん》（精神）と魄《はく》（肉体）とに分離します。死者を祭る招魂《しょうこん》儀礼は、死者の魂をこの世に呼び返す儀礼です。その時、魂がよりつく肉体がなければ死者は復活できません。そこで、あつかましくも、他人の死体を利用して復活しようというのが「借屍還魂」です。一度、衰退あるいは消滅した勢力が、何かを利用して再興することを言います。また、新興勢力が既存の権威を借りて台頭してくるときや、古い思想が新しい名目をまとって復活するときなどにも使います。

[解] 用《よう》有《あ》る者《もの》は、借《か》るべからず。用《もち》うる能《あた》わざる者は、借《か》るを求《もと》む。用《もち》うる能《あた》わざる者《もの》を借《か》

有レ用者、不レ可レ借。不レ能レ用者、求レ借。借ニ不レ能レ用者一

りて之《これ》を用《もち》いれば、我《われ》、童蒙《どうもう》に求《もと》むるに匪《あら》ず、童蒙《どうもう》、我《われ》を求《もと》む。

而用レ之、匪三我求二童蒙一、童蒙、求レ我。

自立してしっかり働いている者を、自分のために利用するのは難しい。逆に、自活できていない者は、自ら進んで援助を求めてくる。そのように自活できていない者を利用して使い回す。これは、『周易《しゅうえき》』の「自分から幼児に求めるのではなく、幼児の方から進んで自分の方に求めてくる」という意味である。

「我、童蒙に求むるに匪ず、童蒙、我を求む」は、『周易』蒙《もう》卦のことばです。テキストによっては、後半の句が「童蒙来《き》たりて我を求む」と「来」の字が入っているものもあります。ただいずれにしても、『周易』のもともとの意味は、教師が童蒙（無知な幼児）を啓蒙《けいもう》してやるというもので、「借屍還魂」とは少し意味が異なるようです。

ここでは、無知な者を利用するという意味合いで『周易』のことばが使われています。しっかりと自立している者は、簡単に他人の犠牲になったりはしません。しかし、他人に頼ってばかりいる人間は、甘いことばにつられて計略にかかってしまうのです。

なお、中国では、新王朝（政権）を樹立するとき、しばしば「借屍還魂」の計が用いられます。王莽《おうもう》（前四五〜後二三）が「周」王朝に仮託した「新《しん》」を建て、劉備《りゅうび》が「漢」の末裔《まつえい》と称して「蜀《しょく》」を興したのは、その典型的な事例です。

❖第十五計「調虎離山《ちょうこりざん》」（虎《とら》を調《あしら》って山《やま》を離《はな》れしむ）

虎をだまして山からおびき出す。敵を有利な地から誘導して撃つ。

「虎穴《こけつ》に入《い》らずんば虎子《こし》を得ず」の成句がある通り、虎は山奥に潜《ひそ》んでいて、なかなか人前にその姿を現しません。そのようなときは、利益をちらつかせて山奥から誘い出し、その虚をつく必要があります。『管子《かんし》』形勢篇に「虎豹《こひょう》は、獣の猛者であり、山奥深く潜んでいて、人はその脅威に恐れているが、虎がそのすみかを離れて人里に近づいてくれば、人はその脅威をとりのぞくことができる」とあります。さすがの虎も、山から出てしまえば、その威力は半減するのです。

解 天《てん》を待《ま》ちて以《もっ》て之《これ》を困《くるし》め、人《ひと》を用《もち》いて以《もっ》て之《これ》を誘《さそ》う。往《ゆ》けば蹇《なや》み来《き》たれば返《かえ》る。

待レ天以困レ之、用レ人以誘レ之。
往蹇来返。

自然の条件に恵まれるのを待って敵を苦しめ、間者《かんじゃ》を使って敵を誘導する。無理に敵の根拠地にいこうとすればかえって悩むことになり、思いとどまって自分本来の場所に帰り来たれば、安泰な場所に帰ったという安心感を得ることができる。

相手が天然の要害にこもっているときは攻めづらいものです。そのようなときは、こちらが有利となるような自然（地形や気象）の条件が整うのを待つ必要があります。また、そのような条件を作り出すため、人（間者）を使って敵を誘い出さなければなりません。

「往《ゆ》けば蹇《なや》み来たれば返る」は、『周易』蹇《けん》卦のことば。蹇とは目の前に困難があり、進まないさまを表します。眼前の危険を察知してとどまるのがよい、という意味です。安易に敵の根拠地に近づいてはならないという警告です。

一方、こちらが充分に地の利を得ているときは、この「調虎離山」の計にかからないよう注意する必要があります。『孫子』形篇に、「昔の善く戦う者は、先《ま》ず勝つべからざるを為《な》して、以《もっ》て敵の勝つべきを待つ」（六五頁参照）とありました。こちらは根拠地に陣取って、まず不敗の態勢を整えるのです。利益につられて出て行けば、せっかくの地の利を失うことになるでしょう。

❖第十六計「欲擒姑縦《よくきんこしょう》」（擒《とら》えんと欲《ほっ》すれば姑《しばら》く縦《はな》つ）

最終的に虜《とりこ》とするため、はじめはわざと逃がす。

はじめから手中に収めようとして全力であたると敵も警戒します。そこでまずわざと敵を逃がし、敵の気がゆるんだところで完全な勝利を得るようにするのです。

解 逼《せま》れば則《すなわ》ち兵《へい》を反《かえ》す。走《はし》れば則《すなわ》ち勢《いきお》いを減《げん》ず。緊《かた》く随《したが》いて迫《せま》る勿《な》かれ。其《そ》の気力《きりょく》を累《つか》れ

逼則反レ兵。走則減レ勢。緊随勿レ迫。累ニ其気力一、消ニ其闘

しめ、其《そ》の闘志《とうし》を消《け》し、散《さん》じて後擒《のちとら》うれば、
兵《へい》は刃《やいば》に血《ち》ぬらず。需《じゅ》、孚有《まことあ》り、光《こう》なり。

志、散而後擒、兵不レ血レ刃。
需、有レ孚、光。

敵を追い込んで急に迫れば、必死で反撃してくる。敗走するにまかせれば、敵の勢いも自然に弱まってくる。追撃はきちんとしなければならないが、あまりに追いつめてはならない。敵の気力を弱め、闘争心を消し去り、敵が分散したところで捕らえれば、血を流さなくても容易に勝利が得られる。需《じゅ》（時を待つこと）を心得た者が孚（まこと）の心を持てば、大いに願いはかなうであろう。

「需、孚有り、光なり」は、『周易』需《じゅ》卦の「需、孚《まこと》有り。光《おお》いに亨《とお》る」に基づくことば。この卦は、いたずらに焦ってことを起こすことなく、機の熟するのを待てば成功を収められるという意味です。

著名な事例としてあげられるのは、諸葛孔明《しょかつこうめい》の「七縦七擒《しちしょうしちきん》」（または「七擒七縦」）でしょう。三国時代、蜀《しょく》の諸葛亮《しょかつりょう》（孔明）が南蛮の敵将孟獲《もうかく》を巧みな計略で七度捕らえて七度逃がし、ついには心服させたという故事です。最終目標を達成するためには、それ

とは一見逆に思えるような行動を取ることも重要です。遠回りに見えることが意外に近道となるのです。

こうした逆説的論法は、『老子《ろうし》』の得意とするところです。たとえば、『老子』第三十六章に、「相手を廃《すた》れさせようと思えば、まず強く興《おこ》しておく必要がある。相手から奪おうとすれば、まずことさらに与えておく必要がある（将《まさ》に之《これ》を廃《はい》せんとすれば、必ず固《かた》く之を興す。将に之を奪わんとすれば、必ず固く之に与《あた》う）」とあります。屈折した思考。これは、道家思想と兵法に共通する中国特有の発想です。

なお、「欲擒姑縦」は、「欲擒故縦」（擒えんと欲すれば故《こと》さらに縦つ）とする場合もあります。

❖第十七計「拋磚引玉《ほうせんいんぎょく》」（磚《せん》を拋《な》げて玉《ぎょく》を引《ひ》く）

磚《せん》（かわら）を投げて玉《ぎょく》（宝石）を引き寄せる。

まぎらわしい類似したもの（敵の目に利益として映るようなもの）を示して敵を誘い

出し、機に乗じて敵の大切なものを奪う。いわゆる「海老《えび》で鯛《たい》を釣《つ》る」という意味です。なお、「抛磚引玉」は、自分の卑見をたたき台として述べて、他人のすぐれた意見を引き出す、という意味にも使います。

解 類以《るいもつ》て之《これ》を誘《さそ》い、蒙《もう》を撃《う》つなり。

類以誘レ之、撃レ蒙也。

類似したもので敵を誘い、困惑した相手を撃つ。

「蒙を撃つ」は『周易《しゅうえき》』蒙《もう》卦のことばです。「蒙」は、おおわれてくらい状態を表します。相手を「蒙」の状態におちいらせるために、まず「磚」を投げるのです。そして敵の蒙に乗じて相手の「玉」を奪うのです。

『春秋左氏伝《しゅんじゅうさしでん》』桓公《かんこう》十二年（前七〇〇）に、次のような故事が記されています。

楚《そ》は絞《こう》を攻め、絞城の南門に布陣しました。そのとき、屈瑕《くつか》という者が「絞は小国で軽率だから、思慮も浅い。そこで、武装していない薪《たきぎ》取りの人足（采樵者《さいしょうしゃ》）をはなって、相手を誘ってみましょう」と進言しました。その策を実行したところ、絞は喜んで人足三十人を捕獲。翌日も同じ誘いに乗って、絞は大挙して楚の人足を山中に追いかけます。一方、楚は北門に兵を置き、絞軍を山麓《さんろく》で待ち伏せして大破したのです。

楚のはなった人足は「磚」であり、これにつられて打って出た絞は、城という「玉」を失ったのです。

なお、この計は、先の第十二計「順手牽羊」と、微妙な関係にあります。「順手牽羊」では、手当たり次第に利益をかすめ取るということが推奨されていました。しかし、それは、敵に明らかな隙《すき》があればこそです。そうではなく、利益と見えたものが実は敵の仕掛けた「磚」であればどうでしょう。こちらはそれにつられて出て行ってはいけません。こちらの「玉」を失う結果となるからです。

❖第十八計「擒賊擒王《きんぞくきんおう》」（賊《ぞく》を擒《とら》うるには王《おう》を擒《とら》えよ）

賊を捕らえるには、まずその王を捕らえよ。

唐の詩人杜甫《とほ》の「前出塞《ぜんしゅつさい》」詩の、「人を射《い》るには先《ま》ず馬を射よ。賊を擒《とら》うるには先ず王を擒えよ」に基づくことばです。敵の主力をたたき、その首領を捕獲することによって、徹底的に敵を瓦解《がかい》させることをいいます。

解 **其《そ》の堅《かた》きを摧《くじ》き、其《そ》の魁《かい》を奪《うば》い、以《もっ》て其《そ》の体《たい》を解《と》く。龍《りゅう》、野《や》に戦《たたか》うは、其《そ》の道窮《みちきわ》まる。**

摧二其堅一、奪二其魁一、以解二其体一。龍戦二於野一、其道窮也。

敵の堅固な主力をくじき、その首領を捕らえて、相手を解体してしまう。天空から野におりてしまった龍は、行き詰まってしまう。

「龍、野に戦うは、其の道窮《きわ》まる」は『周易』坤《こん》卦䷁のことばです。本来の意味は、やや異なるでしょう。坤卦はすべて陰爻《いんこう》⚋で構成された陰の極致。龍と龍とが野に戦うとは、陰の道が窮まるからである、という意味です。

「擒賊擒王」とは、局地戦での小さな勝利に満足するのではなく、敵の主力・中核・指導者を倒し、徹底的な勝利を得よ、というのです。厚い雲におおわれていた龍も平地に降りてくれば、その威力は半減してしまいます。そのような敵を徹底的にたたけと言っているのです。

逆に、小物を捕らえるばかりで、肝心の首領を取り逃がしてしまえば、敵は本拠地に舞い戻り、再び勢いを盛り返すでしょう。それは、相手に反転攻勢の機会を与えることになります。

四　混戦の計

戦局がめまぐるしく変わり、混戦状態にあるときにめぐらす計謀。

❖第十九計「釜底抽薪《ふていちゅうしん》」（釜底《かまぞこ》より薪《たきぎ》を抽《ぬ》く）

煮えたぎっている釜の下からたきぎを取り除く。

最も根本的な問題を解決することです。手のつけられないような熱湯に息を吹きかけてみても、少々の水を加えてみても、どうにもなりません。その釜の底から、熱源となっている薪を取り除けば、お湯は自然にさめてくるという意味です。

解　其《そ》の力《ちから》に敵《てき》せずして、其《そ》の勢《いきお》いを消《け》すは、兌《だ》下乾上《かけんじょう》の象《しょう》。

不レ敵二其力一、而消二其勢一、兌下乾上之象。

水が沸騰するのは強い火の力である。その勢力に対抗できないときに、その勢いを消すのは、『周易』履《り》卦の「兌下乾上」（兌が下にあり、乾が上にある）の象である。

『周易』の履卦とは、「柔よく剛を制するなり」とされる卦です。燃えさかる炎、煮えたぎるお湯。それに打ち勝つには、直接、火炎や熱湯に対抗しようとしてはなりません。その熱源となっている薪《たきぎ》（まだ着火していない薪）を抜いていくのです。そうすれば、炎は自然と鎮火していくでしょう。目の前の現象に圧倒されるのではなく、何が根本的な問題であり、何に手をつければそれが解決するかを考えるのです。

一九九年、曹操《そうそう》の軍はわずか三万の兵力で、袁紹《えんしょう》率いる十万の大軍を迎え撃ちます。いわゆる「官渡《かんと》の戦い」の始まりです。曹操はここで、直接袁紹の主力部隊を攻撃することなく、袁紹の大軍を支えていた食糧基地「烏巣《うそう》」を焼き討ちにします。大軍の原動力となっているのが、この食糧にあると気づいたからです。兵站《へいたん》を失った袁紹は曹操に大敗し、わずか八百余の側近をともなって敗走したといわれます。曹操は、敵の熱源が何かを見抜いたのです。

❖第二十計「混水摸魚《こんすいぼぎょ》」（水《みず》を混《ま》ぜて魚《うお》を摸《さぐ》る）

水をかきまぜて濁《にご》らせ、魚を捕らえる。

きれいに澄んだ水の中にいる魚は、こちらの様子もよく見えます。そこで、あえて濁り水となるようかきまぜて、混乱に陥れます。そこにつけこんで魚を捕らえるという意味です。相手を混乱させるような仕掛けをほどこし、それに乗じて勝ちを取る。混戦ならではの戦術でしょう。

解 其《そ》の陰乱《いんらん》に乗《じょう》じ、其《そ》の弱《よわ》くして主無《しゅな》きを利《り》す。随《ずい》は、以《もっ》て晦《かい》に向《むか》えば入《い》りて宴息《えんそく》す。

乗二其陰乱一、利二其弱而無一レ主。随、以向レ晦入宴息。

敵の内部の混乱に乗じて、その戦力の低下や指揮系統の乱れを利用する。それは、『周易』随《ずい》卦に「以て晦（ひぐれ）に向えば入りて宴息す」、つまり、夜になれば帰宅して休息するとあるように、自然に従った無理のない方法である。

『周易』随卦の原文は、「君子《くんし》も以《もっ》て晦《かい》に嚮《したが》えば入《い》りて宴息《えんそく》す」。「嚮」の字は「向」や「郷」となっているテキストもあります。

この計は、「混戦」であることを利用して、さらに敵の混乱を助長する点に特色があります。もっとも、この計には、こちらも敵が見えにくくなるという弱点もあります。だから、勝敗は紙一重。こちらがこの計にはまりかけていると危惧《きぐ》されるときには、すかさず澄んだ水の方に逃走を図る必要があります。

❖第二十一計「金蟬脱殻《きんせんだつかく》」（金蟬《きんせん》、殻《から》を脱《だっ》す）

蟬が脱皮して姿をくらます。

偽装工作によって蛻《もぬけ》の殻《から》にし、敵に知られないままに撤退または転進することを意味します。

解 其《そ》の形《かたち》を存《そん》し、其《そ》の勢《せい》を完《まっと》うすれば、友《とも》疑《うたが》わず、敵動《てきうご》かず。巽《したが》いて止《とど》まるは、蠱《こ》なり。

存二其形一、完二其勢一、友不レ疑、敵不レ動。巽而止、蠱。

現在の布陣をそのままにし、その形勢も維持したままであれば、友軍も疑わず、敵も動くことはできない。『周易』蠱《こ》卦にも、「巽《したが》いて止《とど》まるは、蠱《こ》なり」とある。

もともとは、下の者が何も考えず従順にしているばかりで、上の者がよく考えずにじっとしているのは、国の混乱や衰退である、という意味を表します。友軍や敵が、従い、止まるのは、自軍が巧みな偽装を行い、不動の形勢を示しているからです。「金蟬脱殻」は、単なる逃げの戦法ではなく、敵をその場所に引きつけておいた上での積極的な移動を意味します。第三十二計の「空城計」も類似の発想です。

著名な例は、諸葛孔明《しょかつこうめい》が五丈原《ごじょうげん》で亡くなった際の計謀でしょう。二三四年、孔明は、魏《ぎ》攻伐のさなか、ついに五丈原で病没します。後を託された姜維《きょうい》は、孔明の死を隠し、部隊に命じて旗鼓を整え、司馬懿《しばい》（字《あざな》は仲達《ちゅうたつ》）の魏軍を激しく攻める形勢を示します。これにより、司馬懿は退却。この間に蜀《しょく》軍は完全撤退に成功しました。後に、これを知った民衆は、「死せる孔明、生ける仲達を走らす」と語り伝えたそうです。

なお、一つ前の第二十計の解で使われた『周易』随《ずい》卦 ䷐ と本計の解説の蠱卦 ䷑ とは、ちょうどその卦の形が上下逆になります。二十計と二十一計の解説に、『周易』の連鎖的援用が見られるのは面白い現象です。

❖第二十二計「関門捉賊《かんもんそくぞく》」（門《もん》を関《とざ》して賊《ぞく》を捉《とら》う）

門を閉ざして逃げ場をなくし、賊を一網打尽にする。

中国の古い街は城壁に囲まれています。たとえば、現在の西安《せいあん》（かつての長安）の城壁は、周囲十四キロ。縦（南北）がやや短く、横（東西）がやや長い長方形を呈しています。城壁の高さは十二メートル、城壁上部の幅は十二～十四メートル、基底部の幅は十五～十八メートルという重厚な構えです。この壁を乗りこえることはまず無理でしょう。城内への出入りは、東西南北の各一箇所にある大門を通るしかありません。城内に侵入した賊を捉えるには、まず、この門を閉める必要があります。

解 小敵《しょうてき》は之《これ》を困《くるし》む。剝《はく》は、往《ゆ》く攸有《ところあ》るに利《よろ》しからず。

小敵困レ之。剝、不レ利レ有レ攸レ往。

弱小の敵軍に対しては、四面の門を閉ざして逃げられないように包囲する。追いつめられ逃げのびようとしている敵は、必死で反撃してくるから、こちらから進んで事をなすのはよろしくない。

「剝は、往《ゆ》く攸《ところ》有るに利《よろ》しからず」は、『周易』剝卦《はく》 ䷖ のことば。この卦は、卦の最上部に一陽⚊（上九）を残し、あとはすべて陰爻《いんこう》⚋です。小人が君子を剝《は》がし害そうとしている象だとされます。この卦が出たら、むやみに行動してはなりません。弱小の敵も、それゆえに死にものぐるいの抵抗をしますから、軽率に打って出たり、急に追撃したりせず、じわじわと周りを取り囲み、逃げられないようにするという計謀です。「窮鼠猫《きゅうそねこ》を嚙《か》む」こともあるの

西安城壁

で、注意しつつ包囲するのです。

『孫子』謀攻篇にも、「用兵の法は、十なれば則《すなわ》ち之《これ》を囲《かこ》み」（五六頁参照）とありました。十倍の圧倒的な兵力で城内の敵を包囲するというのです。ただ、『孫子』は同時に、「帰師《きし》には遏《とど》むること勿《な》かれ、囲師《いし》には必ず闕《ひら》け（軍争《ぐんそう》篇）（一〇六頁参照）とも述べていました。死にものぐるいの敵を完全包囲してしまっては、こちらにも損害がでると憂えているのです。「関門捉賊」の際の留意点でしょう。

❖第二十三計「遠交近攻《えんこうきんこう》」（遠《とお》く交《まじ》わり近《ちか》く攻《せ》む）

遠国と親交を結び、近隣の国を攻撃（挟撃）する。

戦国時代の范雎《はんしょ》（魏《ぎ》人、秦《しん》の昭王《しょうおう》に仕えた）の唱えた外交政策。『史記』范雎列伝に、「王様、遠方の国と共同して隣接した国を攻めるのが上策です。たとえ寸尺というわずかな地でも、この策によって確実に王のものとなるのです（王、遠く交わりて近く攻むるに如《し》かず、寸《すん》を得れば王の寸なり、尺《しゃく》を得れば王の尺なり）」という進言が見えます。

秦はこの策を採用して他の六国を次々に併呑《へいどん》。ついに中国を統一します。敵兵力を分断し、各個撃破《かっこげきは》しつつ、領土を少しずつ拡大するという意味です。

解 **形禁《かたちきん》じて勢《いきお》い格《かく》なれば、利《り》は近《ちか》く取《と》るに従《したが》い、害《がい》は遠隔《えんかく》を以《もっ》てす。上火下《じょうかか》沢《たく》なり。**

形禁勢格、利従㆓近取㆒、害以㆓遠隔㆒。上火下沢。

こちらの形勢が不利な（展開が禁じられ阻《はば》まれているような）ときには、近くの敵地を奪うのが有利であり、遠征して遠くの地を奪おうとするのは害となる。『周易』睽《けい》の卦に「上火下沢」とあるのがそれである。

睽䷥とは、「上（外卦）に火☲あり下（内卦）に沢（水）☱ある」さまで、違う、背く、の意です。火と水とは相容れません。ただ、これに続いて『周易』では、「君子《くんし》以《もっ》て同じくして異なる」と説明されます。つまり、天地、男女、万物がそれぞれ形を異にしながらも、お互いに通じ合うのと同じように、遠くの敵とは共同できるというのです。敵の敵は友、というわけです。中国兵法を代表する外交戦略といえるでしょう。

❖第二十四計「仮《か》道《どう》伐《ばつ》虢《かく》」（道《みち》を仮《か》りて虢《かく》を伐《う》つ）

通過するだけだと偽って他国領内の道を借り、送り込んだ兵でその国を滅ぼしてしまう。

『春秋左氏伝』僖《き》公《こう》二年（前六五八）に見える故事。春秋時代の大国晋《しん》は、近くの小国である虞《ぐ》と虢《かく》とを併呑《へいどん》してしまおうと考えました（次頁地図参照）。その時、臣下の荀《じゅ》息《んそく》が次のように進言します。「まず名馬と宝玉《ほうぎょく》を虞に送り、領内の道を通過させてほしいと願うのです。虞公はそれに目がくらんで道を貸すでしょう」と。はたして虞はその申し出を受け入れます。晋はその道を通って、やすやすと虢を滅ぼし、その後、虞をも滅ぼしてしまいました。

「借りる」方から言えば、口実を設けて他国の領内を通過し、まずは別の国を滅ぼしておいて、今度は、道を貸してくれたお人好しの国をも滅ぼしてしまうという意味になります。また逆に「貸す」方から言えば、自分に直接矛先《ほこさき》が向いていないとしても、安易に敵国の兵を領内に引き入れてはならないという教訓になるでしょう。「ひさしを貸して母屋《おもや》をとられる」危険性があるからです。

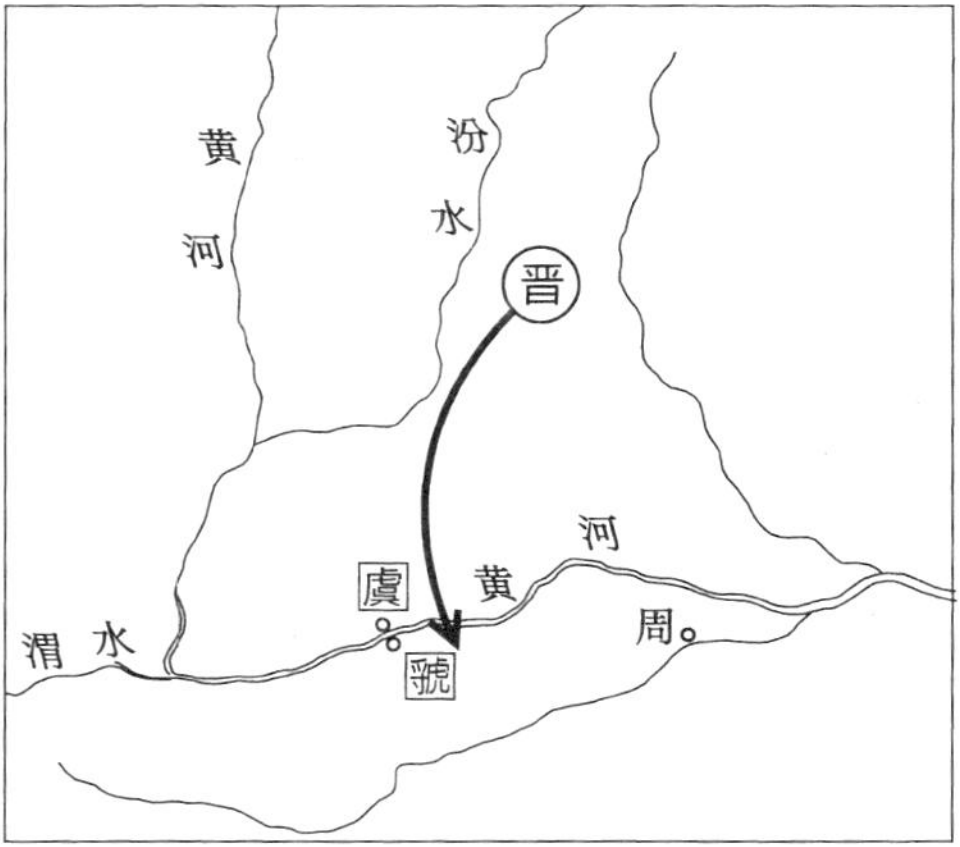

春秋時代の晋（「仮道伐虢」図）

両大之間、敵脅以レ従、我仮以レ勢。困、有レ言不レ信。

解 両大《りょうだい》の間《かん》、敵脅《てきおびやか》すに従《じゅう》を以《もっ》てすれば、我《われ》は仮《か》るに勢《せい》を以《もっ》てす。困《こん》は、言有《げんあ》るも信《しん》ぜられず。

両大国に挟まれている小国に対して、敵が威嚇《いかく》攻撃し屈服させようとしてきたら、こちらも援助の名目で出兵する。口先だけで実行しなければ信じてはもらえない。

「困は、言有るも信ぜられず」とは、『周易』困卦のことば。「困は、言有るも信ぜられずとは、口を尚《たっと》べば乃《すなわ》ち窮《きゅう》するなり」に基づきます。困の卦は、基本的には苦しむという意味ですが、困窮の際にもじっとがまんすれば吉である、という卦です。ただし、苦しみのあまり弁舌だけをたっとび（口先だけ達者で）実態がともなわないと、他人から信用されないという意味です。

この解は、「仮道伐虢」の解説からはややずれているように思われます。ただし、援助の目的で、口先だけではなく実際に小国に兵を進める、という点で意味的な連関が認められます。相手を信用させてこそ、道を借りることができるのです。

五　併戦の計

他国と同盟を結んで戦うときの計謀。

❖第二十五計「偸梁換柱《とうりようかんちゆう》」（梁《はり》を偸《ぬす》み柱《はしら》を換《か》う）

家屋の構造で最も重要な梁や柱を取り替えて骨抜きにしてしまう。

しきりに相手の陣形を変えさせ、その主力を骨抜きにし、その抵抗力が弱まるのを待って、それに乗じる、というのが本来の意味です。内容や本質をひそかにすりかえる、敵の勢いを分断する、という意味にも使います。この計が「併戦の計」とされるのは、盟友と連合して有利な形勢を作るという意味にも使われるからでしょう。

解 頻《しき》りに其《そ》の陣《じん》を更《か》え、其《そ》の勁旅《けいりよ》を抽《ぬ》き、其《そ》の自《みずか》ら敗《やぶ》るるを待《ま》ちて、而《しか》る後之《のちこれ》に乗《じょう》ず。其《そ》の輪《わ》を曳《ひ》くなり。

頻更二其陣一、抽二其勁旅一、待二其自敗一、而後乗レ之。曳二其輪一也。

こちらの陽動作戦や挑発行動によって、しきりに敵の陣形を変えさせ、その主力部隊を骨抜きにし、相手の自滅を待って、その後、敵を乗っ取ってしまう。車輪を引くのと同じである。

「其の輪を曳く」は、『周易』既済《きせい》の卦のことば、「其の輪を曳くとは、義《ぎ》として咎《とが》なし」に基づいています。川を渡ろうとする車の車輪を後ろに引き戻《もど》すという慎重な態度は、道理にかなっているから害はないという意味です。

ここでは、車輪を押さえてしまえば、車を自分の都合のよいように制御《せいぎょ》できるという意味に使われているでしょう。「車輪」は車の走行を決定する最も大切なもの、すなわち家屋であれば「柱」や「梁」にあたります。

車の制御という意味では、秦《しん》の始皇帝亡《な》き後の趙高《ちょうこう》の陰謀が思い起こされます。前二一一〇年、始皇帝は天下巡遊の途中、ついに病没します。宦官《かんがん》の趙高は、始皇帝の死を伏せたまま、公子の胡亥《こがい》、丞相《じょうしょう》の李斯《りし》とはかり、始皇帝が公子の扶蘇《ふそ》にあてた璽書《じしょ》（親書）を破棄してしまいます。そして親書を偽造して胡亥を即位させる一方、公子扶蘇と扶蘇派の武将蒙恬《もうてん》を自害に追い込みます。皇帝の印が押された親書は、絶対の権威を持つ命令書。梁や柱や車にあたるこの親書を偽造されてしまっては、扶蘇や蒙恬もなすすべがなかったのです。

❖第二十六計「指桑罵槐《しそうばかい》」（桑《くわ》を指《さ》して槐《えんじゅ》を罵《ののし》る）

桑を指して槐の悪口を言う。

直接相手（槐）を批判するのではなく、第三者（桑）をどなりつけることによって、間接的に相手を批判する。強者が弱者を従属させる際、間接的な警告によって誘導する。

遠回しに悪口を言うという意味です。「指鶏罵狗《しけいばく》」としても使われます。

間接的な警告という点では、第十三計「打草驚蛇」の（三）の意味（二一四頁参照）

にも類似しています。相手が誰かを糾弾しているとき、ひょっとするとそれは自分に向けられた警告ではないのか、と疑ってみる必要があるでしょう。人間の言動とは、必ずしも直接的なものとは限らないからです。

［解］大《だい》、小《しょう》を淩《しの》ぐは、警《いまし》めて以《もっ》て之《これ》を誘《さそ》う。剛《ごう》中《ちゅう》にして応《おう》じ、険《けん》を行《おこな》いて順《じゅん》。

大、淩レ小者、警以誘レ之。剛中而応、行レ険而順。

強大な者が弱小な者を屈服させるには、警告によって誘導する。強い態度であたれば相手は応じ、険しく迫れば相手は従うのである。

戦国時代、秦《しん》の宰相李斯《りし》は他の六国を滅ぼす計略を立てました。秦に隣接している弱小国韓《かん》をまっ先に滅ぼすという策です。韓のわずかな離反を口実に、秦は韓を滅ぼします。これが他の五カ国に強烈な心理的圧迫を与えます。その後、秦は十年たらずで、趙《ちょう》、魏《ぎ》、楚《そ》、燕《えん》、斉《せい》を次々に併呑《へいどん》。天下を統一します。

なお、［解］の「剛中にして応じ、険を行いて順」は、『周易』師《し》卦 ䷆ のことば。師とは戦争、軍隊の意です。

下（内卦）☵のまん中にある剛爻（陽爻）⚊（九二）は、上（外卦）☷の陰爻⚋（六五）と対応しています。これは、剛強な将軍が君主の信頼を得ている形で、そのようであれば、戦争という危険を冒しても、人々はこれに従ってくるという意味です。

　これが『周易』のもともとの意味ですが、ここでの解の説明は、この原義を少し敷衍《ふえん》しているでしょう。「剛《つよ》く正しい」という態度が相手の信頼を得、果敢な行動が人を従わせる、という意味にとっているのです。

　人は、面と向かって叱責されると反発を覚えたり、落ち込んだりするものです。しかし、間接的な警告は、意外に心に響きます。この心理を利用して部下や敵をコントロールしようというのが、「指桑罵槐」の計です。

❖第二十七計「仮痴不癲《かちふてん》」（痴《ち》を仮《か》るも癲《てん》せず）

愚を装っているが、狂っているわけではない。

愚者のふりをする。それは、真意を隠すための方便なのです。それによって敵の油断を誘うという策です。

解 寧《むし》ろ偽《いつわ》りて知《し》らず為《な》さずと作《な》すも、偽《いつわ》りて知《ち》を仮《か》りて妄《みだ》りに為《な》すを作《な》さず。静《せい》にして機《き》を露《あら》わさず。雲雷《うんらい》は、屯《ちゅん》なり。

寧偽作二不レ知不レ為、不三偽作二仮レ知妄為一。静不レ露レ機。雲雷、屯也。

偽って、何も知らないふりをし、何もしない方が、へたに知恵者ぶって軽率な行動をするよりはよほどいい。それは、雲雷の象《しょう》であり、屯《ちゅん》の卦にあたる。

知らないふりをして何もしない方が、知ったかぶりをして軽挙妄動するよりもはるかにいいという意味です。じっと静かにして機密をもらさない。それはまるで、雷が鳴りながら、まだ雨を降らさず、じっとその時を待っているかのようなものです。

『周易』屯の卦䷂は、上（外卦）に「雲」、下（内卦）に「雷」のある形です。雷が鳴って、これから雨を降らそうという兆しを示しています。つまり時機の到来をじっと待つという意味を含みます。「仮痴不癲」の計も、愚を装って相手を油断させ、好機がおとずれるのを待つのです。「智」が走りすぎるのを戒める計だとも言えるでしょう。

愚を装うという点では、殷《いん》の箕子《きし》の故事が有名です。殷の紂《ちゅう》王は暴君でした。紂王の叔父にあたる比干《ひかん》は暴政を諫《いさ》めますが、逆に王の怒りを買って胸をさかれて殺されます。紂王の腹違いの兄である微子《びし》も、王の淫乱を諫めて、逆に放逐《ほうちく》されてしまいます。そこで箕子は、狂人のふりをして奴隷に身をやつしました。

ちなみに、箕子・微子・比干は殷の「三仁《さんじん》」とたたえられた忠臣です。また、「仮痴不癲」の計によって身を守った箕子は、その後、周の武王に迎えられ、箕子朝鮮の始祖になったと伝えられます。

❖第二十八計「上屋抽梯《じょうおくちゅうてい》」（屋《おく》に上《あ》げて梯《はしご》を抽《ひ》く）

屋根に上げておいてからはしごを取り除く。

『孫子』九地篇に「帥《ひき》いて之《これ》と期《き》すれば、高きに登りて其の梯《はしご》を去るが如《ごと》く、深く諸侯《しょこう》の地に入りて其の機《き》を発すれば、群羊《ぐんよう》を駆《か》るが若《ごと》し」とあります。

将軍が自軍の兵士を統制する手段を説いたものです。徴用された兵は、必ずしも精鋭の兵士ばかりとは限りません。むしろ烏合《うごう》の衆《しゅう》と考えた方がよいでしょう。そのような一団を統制するためには、兵士に真意を察知されないようにし、戦わざるをえないような局面に追い込むことが必要です。

たとえば、軍隊を率いて命令を発するときには、屋根の上に登らせておいて梯子《はしご》をはずし、降りたくても降りられないようにするのです。また、自力では帰国できないような遠方の敵地に進攻して決戦の態勢を取れば、羊の群れを駆り立てるようにできます。いずれも、ほかに行き所がなく、その場で必死の奮戦をしなければ帰還できない、という状況に兵を追い込むわけです。

この『孫子』の原義に対し、「上屋抽梯」は少し意味を派生させているでしょう。つまり、利益で敵を誘導しておいて、その援軍や退路を断《た》つ、という意味に使われています。つまり、『孫子』において、はしごを引かれるのは自軍の兵士ですが、「上屋抽梯」の計では、それを敵に対して仕掛けるのです。

仮レ之以レ便、唆レ之使レ前、断ニ其援応一、陥ニ之死地一。遇レ毒、位不レ当也。

解 之《これ》を仮《いつわ》るに便《びん》を以《もっ》てし、之《これ》を唆《そその》かして前《すす》ましめ、其《そ》の援応《えんおう》を断《た》ち、之《これ》を死地《しち》に陥《おと》す。毒《どく》に遇《あ》うとは、位当《くらいあ》たらざればなり。

敵の利益となるような餌をちらつかせ、敵をそそのかして前進させる。そうしておいて、敵の後方支援部隊を分断し、敵を死地に陥れるのである。毒に当たるのは、そうなるような位置にいるからである。

「毒に遇うとは、位当たらざればなり」は、『周易』噬嗑《ぜいごう》の卦のことばです。

ここでも、『孫子』九地篇のもともとの意味ではなく、『周易』のことばを援用しながら、敵に対する謀略の意として説かれています。謀略を仕掛ける側から言えば、まず、敵の利となるような場所と、そこに行くための便利な梯子とを見せつけ、敵を誘導する必要があります。敵がその餌につられて死地にはまったところで、梯子を抜いてしまうのです。また逆に、仕掛けられる方から言えば、餌につられてのこのこ出て行くと、梯子をはずされてしまうぞ、という警告のことばとなるでしょう。

❖第二十九計「樹上開花《じゅじょうかいか》」（樹上《じゅじょう》に花《はな》を開《さ》かす）

もともと花のない樹木が花を咲かせているかのように見せかける。

他人の力を借りて、強大に見せかけるという意味です。ないものをあるように見せかけるという点では、第七計の「無中生有」に類似します。

解 **局《きょく》を借《か》りて勢《せい》を布《し》けば、力小《ちからしょう》なるも勢大《せいだい》なり。鴻《おおとり》、逵《き》に漸《すす》む。其《そ》の羽用《はねもっ》て儀《ぎ》と為《な》すべきなり。**

借レ局布レ勢、力小勢大。鴻、漸ニ於逵一。其羽可ニ用為レ儀也。

陣形や地形など、さまざまな戦局を使って優勢であるかのように見せかければ、実力は小さくても勢いは大きくなる。鴻が大通りに羽ばたいていく。その羽は儀礼の飾りに用いるのに十分なほど美しく立派である。

火牛（『武経総要』）

「鴻、逵《き》に漸《すす》む。其の羽用《もつ》て儀と為すべきなり」とは、『周易』漸《ぜん》卦のことばです。「鴻」とはおおきい水鳥。「漸」とは、次第に進む、正しい手順を踏んで進む意。「逵」とは、四方に通じている大きな道の意。この卦は、女子が嫁ぐ際に吉《とつ》であるとされます。

ここでは、美しい羽を広げて飛ぶ鴻のさまを援用して、「樹上開花」の意味を解説しているのです。飾りは飾りにすぎません。しかし、劣勢《れっせい》なときは、敵を脅《おびや》かすくらいの装飾をほどこしてみよというのです。

そういう意味では、戦国時代の田単《でんたん》が用いた「火牛《かぎゅう》」の戦法が思い起こされます。前二八四年、斉《せい》の田単は、燕《えん》との戦いで、劣勢を強いられていました。そこで田単は千頭もの牛を集めます。それぞれの牛の角には刀を装着し、尾には油をしみこませた葦《あし》を結んで火をつけました。怒った火牛と五千名の精鋭兵とが敵陣に殺到。燕軍は大混乱に陥り、田単は勝利を収めました。

❖第三十計「反客為主《はんかくいしゅ》」（客《かく》を反《はん》して主《しゅ》と為《な》す）

主客転倒の計。

客としてもてなしを受けていた者が、いつのまにか主人の位に居座るという意味です。唐の李靖《りせい》の兵法を記したとされる『李衛公問対《りえいこうもんたい》』巻中で、唐の太宗《たいそう》が「兵は主為《しゅた》るを貴《たっと》び客為《かくた》るを貴ばず、速《そく》を貴び久《きゅう》を貴ばざるは何ぞや」と質問しています。これに答えて李靖は、「兵は已《や》むを得《え》ずして之を用《もち》う。安《いず》くんぞ客為《かくた》り且《か》つ久しきに在《あ》らんや」と説きます。

ここに言う「主」「客」とは軍事用語です。「主」は城塞・根拠地に布陣して敵の襲来を待つ軍をいい、「客」とは、自国を離れ、他国に遠征する軍を指します。太宗は、兵家の常道として、「主」が尊重されるのはなぜか、「速」（短期決戦）が尊重されるのはなぜか、とたずねているのです。これに対して李靖は、戦争とはやむを得ずおこすものであり、わざわざ「客」（遠征軍）となり、かつ「久」（長期戦）であることをよしとしようか、と答えているのです。

また、これに続けて李靖は、「臣、主客の勢を校（較）量すれば、則《すなわ》ち客を変《へん》じて主と為し、主を変じて客と為すの術《じゅつ》有り」と述べています。つまり、主客の立場を逆転させる方法を自分は知っているというのです。たとえば、遠征軍が食糧を敵から奪い取れば、客の立場を主に変えることができるでしょう。城中の敵を飢餓状態に陥らせ、安逸にしていた敵を労働に駆り立てるようにすれば、その敵（主）は、客の立場にならざるを得ません。必ずしも遠征軍が「客」となるのではなく、その戦局の主導権を得た者が「主」になるのだと言っているのです。

なお、「客」は呉音では「キャク」ですが、漢音では「カク」と読みます。

解 隙《すき》に乗《じょう》じて足《あし》を挿《さ》し、其《そ》の主機《しゅき》を扼《おさ》えよ。漸《ぜん》の進《すす》むなり。

乗レ隙挿レ足、扼ニ其主機一。漸之進也。

相手の隙に乗じてすかさず足を差し込み、相手の中枢部を制圧せよ。ただし、事は慎重に、徐々に段階を追って進めるのである。

「漸の進むなり」は『周易』漸卦のことば。もともとは、「漸の進むや、女の帰《とつ》ぐに吉なり」とあります。つまり、手順を踏んで次第に進むのは、女子の嫁《とつ》ぐ場合に吉である、という意味です。

ここでは、「客」が段階を追って「主」に変化するという意味で使われているでしょう。第一段階は、まず主と争えるだけの客としての地位を築くこと、いわば予選に勝利するということです。第二段階は、主の隙《すき》を見つけてそれに乗ずる。第三段階は、その隙に足を踏み入れて実権掌握の地歩《ちほ》を築く。そして第四段階は、事実上、権力を掌握し、第五段階として、いよいよ主の地位にとって代わるのです。さらにその後、権力を盤《ばん》石《じゃく》とするために、他国の軍を併呑《へいどん》する。これが、段階を追った「反客為主」の計謀です。

六 敗戦の計

劣勢の時に使う計謀。

❖第三十一計「美人計《びじんけい》」（美人《びじん》の計《けい》）

敵に美人を献上し、色仕掛《いろじか》けで敵を弱体化させる。

『韓非子《かんぴし》』に、この「美人計」の計謀を使った例がいくつか紹介されています（内儲説下篇）。春秋時代、孔子が魯《ろ》の国の政治を行うと、道の落とし物を着服する者さえいなくなるほど、よく治まりました。隣国の斉《せい》の景公《けいこう》はこれを憂えます。すると、「魯に女の歌舞団を贈ってはどうか」という臣下の進言がありました。そこで、実行してみると、はたして魯の哀公は、女歌舞団に熱をいれて政治を怠るようになってしまいます。孔子は諫《いさ》めますが聞き入れられず、ついに魯を出奔したそうです。

また、同じく『韓非子』に、「晋《しん》の献公《けんこう》、虞《ぐ》・虢《かく》を伐《う》つ。乃《すなわ》ち之《これ》に屈産《くつさん》の乗《じょう》、垂棘《すいきょく》の璧《へき》、女楽《じょがく》二人を遺《おく》り、以て其の意を栄（熒《まど》）わし、其の政を乱す」とあります。つまり、春秋時代の晋の献公が、隣接する虞と虢という小国を伐つときに、はじめから軍事力を発動するのではなく、まず、屈産（山西省の名馬の産地）の乗（四頭立ての馬）、垂棘（名玉の産地）の宝石、そして二人の女歌舞人を贈り、その心を惑わせ、政治を乱したというのです。
色欲と物欲、これを巧みに利用して、相手の戦闘意欲を減退させ、内部を混乱させておいてから伐つのが「美人計」なのです。

解 兵強《へいつよ》き者《もの》は、其《そ》の将《しょう》を攻《せ》む。将智《しょうち》なる者《もの》は、其《そ》の情《じょう》を伐《う》つ。将弱《しょうよわ》く兵頽《へいくず》るれば、其《そ》の勢自《せいおの》ずから萎《しぼ》まん。用《もっ》て寇《こう》を御《ふせ》ぐに利《り》ありとは、順《じゅん》にして相保《あいたも》てばなり。

兵強者、攻二其将一。将智者、伐二其情一。将弱兵頽、其勢自萎。利二用御レ寇、順相保也。

敵の軍事力が強大な場合は、その将軍を籠絡《ろうらく》するようつとめる。将軍が理性的な人物の場合は、その感情に訴える。将軍が腰砕けになり、兵卒も頽廃《たいはい》すれば、敵の勢いは自ずからしぼんでいくであろう。敵の来襲を防ぐによろしいというのは、従順に人に従うから勢力を保持できるのである。

西施像（『於越先賢像伝讃』）

「用て寇を御ぐに利ありとは、順にして相保てばなり」は、『周易』漸卦のことばです。もともとは、外敵の来襲を防ぐによいという意味です。しかし、相手や仲間との「順」（協調・従順）が条件となっていて、この「美人計」の意味にはややふさわしくありません。

ここでは、劣勢な方が、優勢な国に、宝物や美女を献上して、その戦意をそぎ、内政を混乱させることを特に意味しているでしょう。

典型的な例としては、右にあげた『韓非子』の説話のほか、呉越《ごえつ》抗争の際の故事があげられます。会稽山《かいけいざん》で敗れた越王句践《えつおうこうせん》は、復讐を誓って臥薪嘗胆《がしんしょうたん》し、国力を整える一方、敵の呉王夫差《ふさ》に絶世の美女西施《せいし》を献上しました。夫差は西施を寵愛《ちょうあい》します。そうしておいてから、越はついに呉を打ち破りました。劣勢や敗北を勝利に変える計謀です。

❖第三十二計「空城計《くうじょうけい》」（空城《くうじょう》の計《けい》）

わざと城門を開き、何か計略があると思わせ、敵の判断を狂わせる。

自軍の実力がない時に、あたかもあるかのように見せかける。『三国志演義』に次のような故事が記されています。蜀《しょく》の諸葛孔明《しょかつこうめい》は陽平《ようへい》城にわずか一万の兵で駐屯していました。そこに、魏《ぎ》の司馬懿《しばい》が二十万の大軍を率いて迫ってきました。孔明は城門を開放し、城の上で優雅に琴を弾き始めます。それを見た司馬懿は、これは伏兵がいるに違いないと考え、兵を引いてしまったそうです。

解　虚《きょ》なる者《もの》は之《これ》を虚《きょ》にし、疑中《ぎちゅう》に疑《ぎ》を生《しょう》ず。剛柔《ごうじゅう》の際《さい》、奇《き》にして復《ま》た奇《き》なり。

虚者虚レ之、疑中生レ疑。剛柔之際、奇而復奇。

劣勢の時には、いっそう無防備にみせ、敵が疑心暗鬼となるようしむける。剛（強）と柔（弱）が対峙したときには、奇策が奇策を生むのである。

「剛柔の際」は、『周易』解卦《かい》の「剛柔の際は、義《ぎ》にして咎无《とがな》し」に基づくことば。もともとは、剛（陰）と柔（陽）の正当な交わりは、道理からしても害はない、という意味です。ここでは、敵が剛（強）、自軍が柔（弱）の場合の計謀を説いています。しかし、この計謀は危険と隣り合わせです。空城の計であることが見破られてしまえば、一気に攻め込まれ、なすすべがないからです。「空城」であることを察知されないよう、逆に堂々としていなければなりません。

なお、虚を実と見せかけるという点では、第七計の「無中生有」や第二十九計の「樹上開花」にも似た計謀です。

また、この「空城計」を打破する方策としては、第十三計の「打草驚蛇」や第十五計の「調虎離山」が有効でしょう。「打草驚蛇」によって探りを入れ、本当に「空城」なのか見きわめるのです。また、「空城計」は、「城」に立てこもることが必須の条件です。そこで「調虎離山」の計によって相手を城からおびき出すのです。

❖第三十三計「反間計《はんかんけい》」（反間《はんかん》の計《けい》）

敵の間者《かんじゃ》（スパイ）を逆に利用して、偽《にせ》の情報を流し、敵を混乱させる。

『孫子』には、間者に関して専論した「用間」という一篇がありました（一六五頁参照）。そこには、五種類の間者が記されていました。「因間《いんかん》」「内間《ないかん》」「反間《はんかん》」「死間《しかん》」「生間《せいかん》」の五つです。この内の「反間」とは二重スパイの意味。敵国から派遣された間《かん》諜《ちょう》を寝返らせ、自国の間諜として使うのです。敵は、諜報活動に際して最重要の軍事機密を間諜にもらす場合があります。この情報を逆に入手したり、敵に偽情報を流して敵を疑心暗鬼に陥らせようとするのです。「反間の計」とは、この「反間」を使った謀略を言います。

解 疑中《ぎちゅう》の疑《ぎ》。之《これ》に比《ひ》すること内自《うちよ》りすとは、自《みずか》ら失《うしな》わざるなり。

疑中之疑。比レ之自レ内、不ニ自失一也。

疑いの気持ちにさらに疑念が増すようにする。敵内部の間者を逆に利用すれば、こちらに失うものはなく勝利を得られる。

「之に比すること内自りすとは、自ら失わざるなり」とは、『周易』比《ひ》卦のことば。もともとは、内から外に比《した》しむというのは、自らまごころを失わないことである、という意味です。

ここでは、『易』の原義とは異なり、「内」は敵の内部を指し、その内部の間者をこちらに寝返らせて活用することをいいます。こちらの間者の諜報活動には敵もよほど慎重となっています。しかし、自らが信用している間者が寝返って謀略を行っている場合には、敵の警戒心もゆるんでいて、効果を上げやすいのです。また、仮に失敗しても、命を落とすのは、敵の間者であり、こちらの損失は少ないと言えます。
一方、この「反間計」にかからないようにするにはどうしたらよいでしょう。それには、常に複数のルートで情報を入手することです。同時に入ってくる情報に大きな違いがあれば、いずれかが偽りであると推測できます。一つだけの情報ルートに頼りすぎるのは、あまりにも危険です。

❖第三十四計「苦肉計《くにくけい》」（苦肉《くにく》の計《けい》）

敵を信用させるために、わざと自分を傷つける。

『呉越春秋《ごえつしゅんじゅう》』に次のような故事が記されています。呉《ご》の先代の王を殺して王位についた呉王闔閭《こうりょ》は、その先代の王子である慶忌《けいき》を殺そうと考えていました。そこで、闔閭の臣下要離《ようり》は、苦肉の計を用います。わざと自分の右腕を斬《き》り、その妻子を殺して闔閭から罪を得たように見せかけ、慶忌のもとに逃れました。信用した慶忌は要離を受け入れます。その後、要離は、機を見て、慶忌を刺殺しました。

解 人《ひと》、自《みずか》ら害《がい》せず、害《がい》を受《う》くれば必《かなら》ず真《しん》なり。真《しん》を仮《かり》とし仮《かり》を真《しん》とすれば、間以《かんもつ》て行《おこな》うを得《え》ん。童蒙《どうもう》の吉《きち》なるは、順以《じゅんもつ》て巽《そん》なればなり。

人、不ニ自害一、受レ害必真。仮レ真真レ仮、間以得レ行。童蒙之吉、順以巽也。

人は通常、自分の身を傷つけるようなことはしない。だから害を受けたように見せかければ、必ず人は信用する。真を仮（偽り）とし偽りを真とするように、真偽を反転させれば、間者の計を成功させることができる。童蒙（幼児）が吉であるのは、従順で謙虚だからである。

「童蒙の吉なるは、順以て巽なればなり」は、『周易』蒙卦のことば。ここでは、幼児の自然なありさまが、用間の際にも重要だとされているのです。

苦肉の計には、高等な演技力を必要とします。いかにも、自然に、真に迫った演技をしなければなりません。そのためには、自分の体に深い傷をつけたり、大切なものを失ったりして、敵を信用させる局面も生じてくるでしょう。たとえば、自分でつけた体の傷を見せて、私は鞭打《むち》ちの刑に処せられて出奔してきました、と敵を信用させ、敵の内部に潜り込む。そして外に待機している自軍と呼応して敵を撃つ、というような計謀です。

日本では、「苦肉の策《さく》」と呼ばれ、特に、窮余《きゅうよ》の一策という意味で使われます。

❖第三十五計「連環計《れんかんけい》」（連環《れんかん》の計《けい》）

複数の計謀を組み合わせ、連続して発動する。

単独の計略で十分な効果が得られないとき、第一次、第二次、第三次と、次々に計謀を繰り出します。敵は次第に消耗し、仲間割れも生じてきます。その隙《すき》につけこんで勝ちを得るのです。

解　将《しょう》多《おお》く兵衆《へいおお》ければ、以《もっ》て敵《てき》すべからず。其《それ》をして自《みずか》ら累《つか》れしめ、以《もっ》て其《そ》の勢《いきお》いを殺《そ》ぐ。

将多兵衆、不㆑可㆓以敵㆒。使㆓其自累㆒、以殺㆓其勢㆒。在㆑師中、

師《し》に在《あ》りて中《ちゅう》す、吉《きち》なり、天寵《てんちょう》を承《う》くるなり。　吉、承二天寵一也。

敵の将兵が多いときは、まともに敵対してはならない。敵を自ら疲れさせ、その勢いをそぐようにする。軍中にあって適切な計謀を使うのは吉であり、それは天の寵愛を受けることができる。

「師に在りて中す、吉なり、天寵を承《う》くるなり」は、『周易』師卦䷆のことば。もとは、この卦の中で唯一の陽爻⚊（九二）が将軍を表し、軍の中心の位置を占め、吉。天の寵愛を受け、この功績に対して三度も王命をたまう、という意味です。ここでは、「連環計」の適切な使用がすぐれた効果を上げることをいいます。

典型的な「連環計」とされるのは、三国時代、赤壁《せきへき》の戦いの際における龐統《ほうとう》（一七九～二一四）の計謀です。龐統はまず偽《いつわ》って曹操《そうそう》に近づき、敵中に潜り込みます。そして、曹操に、それぞの戦艦を「連環」（知恵の輪のようにしっかりつなぐこと）すれば、まるで陸上を移動するように便利になると進言します。船がすっかり「連環」された後、曹操の軍艦は焼き討ちにあい、敗退します。

つまり、曹操軍は、不慣れな水上戦により、すっかり困惑していました。そこへ、連環の作業が加わり、兵は疲弊し、しかも戦艦は身動きがとれなくなりました。そこへさらに、焼き討ちの奇襲を加えられたのです。このように、曹操軍は、いくつもの計謀の連続で窮地に追い込まれたのです。

❖第三十六計「走為上《そういじょう》」（走《はし》るを上《じょう》と為《な》す）

以上の計略でも勝算が立たないときは、逃げるのが上策。

中国兵法の基本的な発想は、「負けない」戦いです。『孫子』も、外交や謀略の段階で敵の戦意を喪失させ、戦闘力を使わない勝利が最上であるとしています。ましてや、勝算もないのに、やみくもに戦い玉砕するなどというのは最も下劣な発想です。さまざまな計謀を駆使《くし》し、それでも勝ち目がないと判断したときには、さっさと兵をまとめて撤退する。これが「三十六計」の最後をかざる「計」です。

解 師《し》を全《まつと》うして敵《てき》を避《さ》く。左《しりぞ》き次《やど》るも咎無《とがな》きは、未《いま》だ常《つね》を失《うしな》わざるなり。

全レ師避レ敵。左次無レ咎、未レ失レ常也。

兵力を消耗することなく敵を避ける。勝利は得られないとしても撤退して宿営《しゆくえい》し、大敗北に至ることがなく咎がないというのは、戦争の常道を失っていないからである。

「左き次るも咎無きは、未だ常を失わざるなり」は、『周易』師卦のことば。ただし、「左《しりぞ》き次《やど》る」は、「左《ひだり》に次《やど》る」と読む説もあります。その場合は、丘を右後方にして（つまり丘の左前に）布陣するという意味になります。丘を背にして位置エネルギーを蓄え、左前方の低地に布陣する敵に勢いよく迫れというのです。『周易』のもともとの意味はともかくとして、ここでは、「走為上」の解説をしているのですから、「左《しりぞ》き次《やど》る」と読む方がよいでしょう。

戦争の常道とは、必ず戦うということではありません。勝算なしと見きわめたときには、潔く撤収し、安全な地点まで退却したのち、宿営するのが上策です。勝利は得られないとしても、また大敗北にも至りません。兵力を温存しておけば、いつか捲土重来《けんどちょうらい》の機会が得られるはずです。

参考文献

一、中国兵学全般
・湯浅邦弘『中国古代軍事思想史の研究』（研文出版、一九九九年）
・湯浅邦弘『よみがえる中国の兵法』（大修館書店、二〇〇三年）
・湯浅邦弘『戦いの神―中国古代兵学の展開―』（研文出版、二〇〇七年）

二、『孫子』
・楊丙安『十一家注孫子校理』（中華書局、一九九九年）
・金谷治『新訂孫子』（岩波文庫、二〇〇〇年）
・浅野裕一『孫子』（講談社学術文庫、一九九七年）
・町田三郎『孫子』（中公文庫、二〇〇一年）

三、『三十六計』
・陳弓編『三十六計 秘本兵法』（書海出版社、一九九六年）

・紀江紅主編『三十六計経典故事』（北京出版社、二〇〇五年）
・鄭啓銅『孫子兵法・三十六計』（雲南大学出版社、二〇〇五年）
・司馬哲・岳師倫編著『孫子兵法与三十六計智謀鑑賞』（中国言実出版社、二〇〇六年）
・守屋洋『兵法三十六計』（三笠書房・知的生きかた文庫、二〇〇四年）

あとがき

ある日の新聞に、こんな記事が載っていました。

中国では、卓球のナショナルチームの選手たちに、二冊の本を必読書として指定した。一つは『論語』であり、もう一つは『孫子』である、と。

興味深い報道です。

『論語』は、言うまでもなく儒教の経典。そこには、「仁」「義」をはじめとする重要な徳目があふれています。中国の本質は、この『論語』にあると言ってもいいでしょう。中国理解はまず『論語』から、というのが王道です。

しかし、中国には、『孫子』に代表される兵学の伝統もあります。さまざまな奇策、謀略、駆け引き。これらも間違いなく、中国文化の特質と言えるでしょう。『孫子』は多くの読者を獲得しました。『論語』に記された「文」の要素だけでは、厳しい競争社会に打ち勝てないと感じられたからではないでしょうか。

こうして中国人は、古来、『論語』と『孫子』を二つのハンドルとして、社会と人生の荒波を乗りこえてきたのです。それは、見事な操縦術でした。

この本では『孫子』と『三十六計』を取り上げました。「武」を語るこれらの書が、中国理解の一助となり、また、競争社会に立ち向かう読者自身の活力となれば幸いです。

湯浅邦弘

平成二十年八月八日

ビギナーズ・クラシックス 中国《ちゅうごく》の古典《こてん》

孫子《そんし》・三十六計《さんじゅうろっけい》

湯浅邦弘《ゆあさくにひろ》

平成20年 12月25日　初版発行
平成26年 2 月25日　6 版発行

発行者●郡司 聡

発行所●株式会社KADOKAWA
〒102-8177　東京都千代田区富士見2-13-3
電話 03-3238-8521（営業）
http://www.kadokawa.co.jp/

編集●角川学芸出版
〒102-0071　東京都千代田区富士見2-13-3
電話 03-5215-7815（編集部）

角川文庫 15490

印刷所●株式会社暁印刷　製本所●本間製本株式会社

表紙画●和田三造

ISBN978-4-04-407203-2　C0198